東京湾諸島

Kato Yoji
Tokyo-bay Islands

加藤庸二

駒草出版

東京湾諸島

Tokyo-Bay Islands

Kato Yoji

加藤庸二

駒草出版

江戸時代の埋め立て遺構。港区汐留遺跡出土（江戸東京博物館蔵）

撮影 加藤庸二

目次

CONTENTS

東京湾の人工島一覧

TOKYO-BAY ISLANDS

東京都

1 妙見島〔江戸川区〕
2 東なぎさ〔江戸川区〕
3 西なぎさ〔江戸川区〕
4 夢の島〔江東区〕
5 新木場〔江東区〕
6 若洲〔江東区〕
7 塩浜〔江東区〕
8 枝川〔江東区〕
9 潮見〔江東区〕
10 辰巳〔江東区〕
11 中央防波堤内側埋立地〔※所属未定地〕
12 中央防波堤外側埋立地〔※所属未定地〕
13 新海面処分場埋立地（造成中）〔※所属未定地〕
14 大井埠頭〔品川区・大田区〕
15 城南島〔大田区〕
16 勝島〔品川区〕
17 平和島〔大田区〕
18 昭和島〔大田区〕
19 京浜島〔大田区〕
20 羽田空港埋立島〔大田区〕
21 霊岸島〔中央区〕
22 越中島《えっちゅうじま》〔江東区〕
23 石川島〔中央区〕
24 佃《つくだ》〔中央区〕
25 月島〔中央区〕
26 勝どき〔中央区〕
27 豊海町《とよみちょう》〔中央区〕
28 晴海埠頭〔中央区〕
29 豊洲埠頭〔江東区〕
30 東雲《しののめ》〔江東区〕
31 有明〔江東区〕
32 有明フェリー埠頭〔江東区〕
33 第六台場〔港区〕
34 第三台場〔港区〕
35 鳥の島〔港区〕
36 お台場〔港区〕
37 青海《あおみ》〔江東区〕
38 日の出埠頭〔港区〕
39 芝浦埠頭〔港区〕
40 芝浦〔港区〕
41 芝浦アイランド〔港区〕
42 港南3・4丁目〔港区〕
43 品川埠頭〔港区・品川区〕
44 天王洲アイル〔品川区〕

神奈川県

45 浮島〔川崎市川崎区〕
46 千鳥町〔川崎市川崎区〕
47 水江町〔川崎市川崎区〕
48 東扇島〔川崎市川崎区〕
49 扇町〔川崎市川崎区〕
50 大川町〔川崎市川崎区〕
51 安善町2丁目〔横浜市鶴見区〕
52 扇島〔川崎市川崎区・横浜市鶴見区〕
53 大黒町〔横浜市鶴見区〕
54 大黒埠頭〔横浜市鶴見区〕
55 守屋町〔横浜市神奈川区〕
56 宝町〔横浜市神奈川区〕
57 恵比須町〔横浜市神奈川区〕
58 出田町《でたまち》埠頭〔横浜市神奈川区〕
59 千若町《ちわかちょう》〔横浜市神奈川区〕
60 瑞穂《みずほ》埠頭〔横浜市神奈川区〕
61 新港《しんこう》埠頭〔横浜市中区〕
62 本牧《ほんもく》埠頭〔横浜市中区〕
63 南本牧《みなみほんもく》埠頭〔横浜市中区〕
64 八景島〔横浜市金沢区〕
65 野島〔横浜市金沢区〕
66 夏島〔横須賀市〕
67 吾妻《あづま》島〔横須賀市〕
68 川崎人工島〔川崎市川崎区〕

千葉県

69 第一海堡〔富津市〕
70 第二海堡〔富津市〕
71 海ほたる（木更津人工島）〔木更津市〕
72 中の島〔木更津市〕
73 川崎町〔千葉市中央区〕
74 潮見町と東浜〔船橋市・市川市〕
75 東京ディズニーランド敷地の埋立島〔浦安市〕

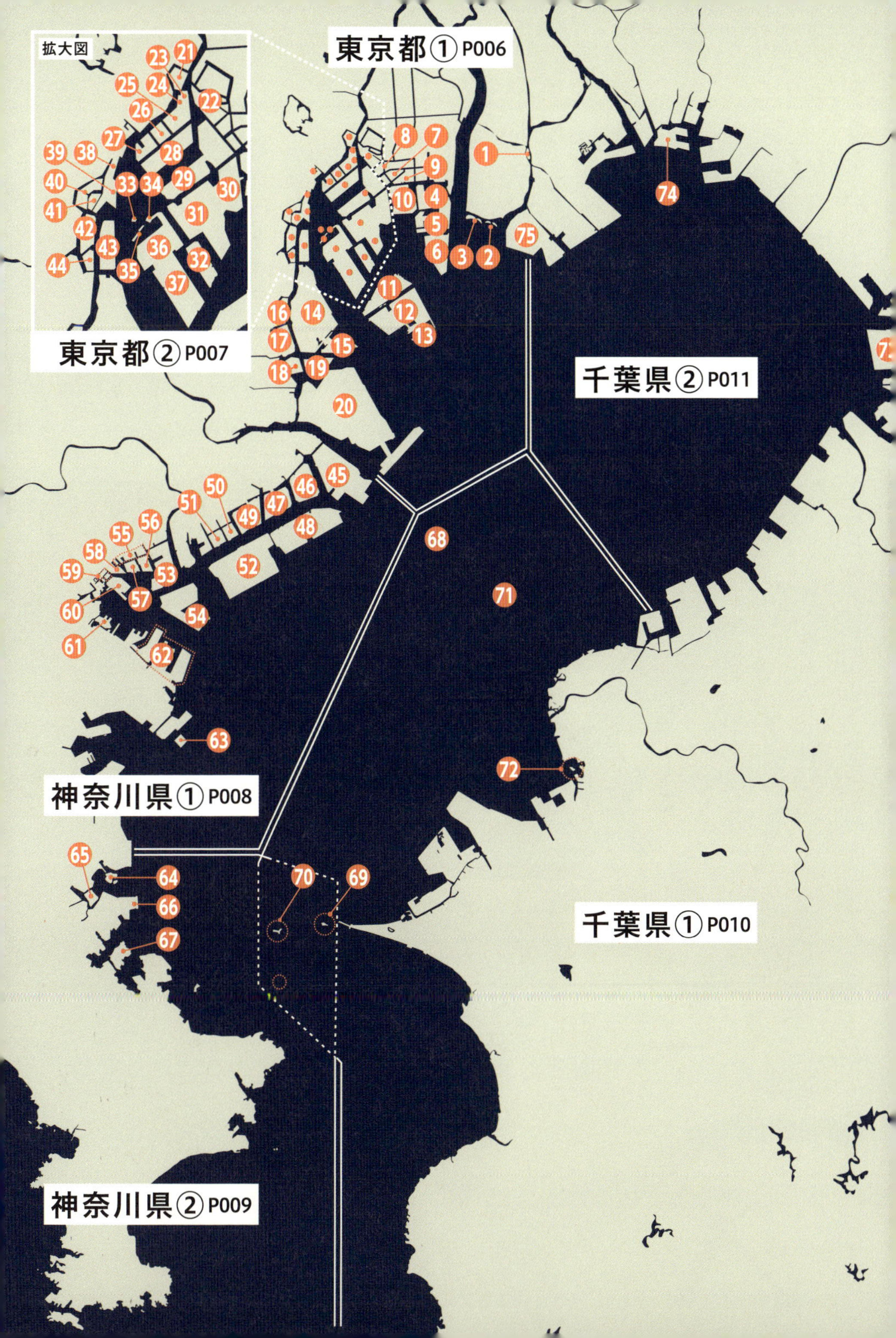

拡大図
東京都①P006
東京都②P007
千葉県②P011
神奈川県①P008
千葉県①P010
神奈川県②P009
1
2
3
4
5
6
7
8
9
10
11
12
13
14
15
16
17
18
19
20
21
22
23
24
25
26
27
28
29
30
31
32
33
34
35
36
37
38
39
40
41
42
43
44
45
46
47
48
49
50
51
52
53
54
55
56
57
58
59
60
61
62
63
64
65
66
67
68
69
70
71
72
74
75

東京都①

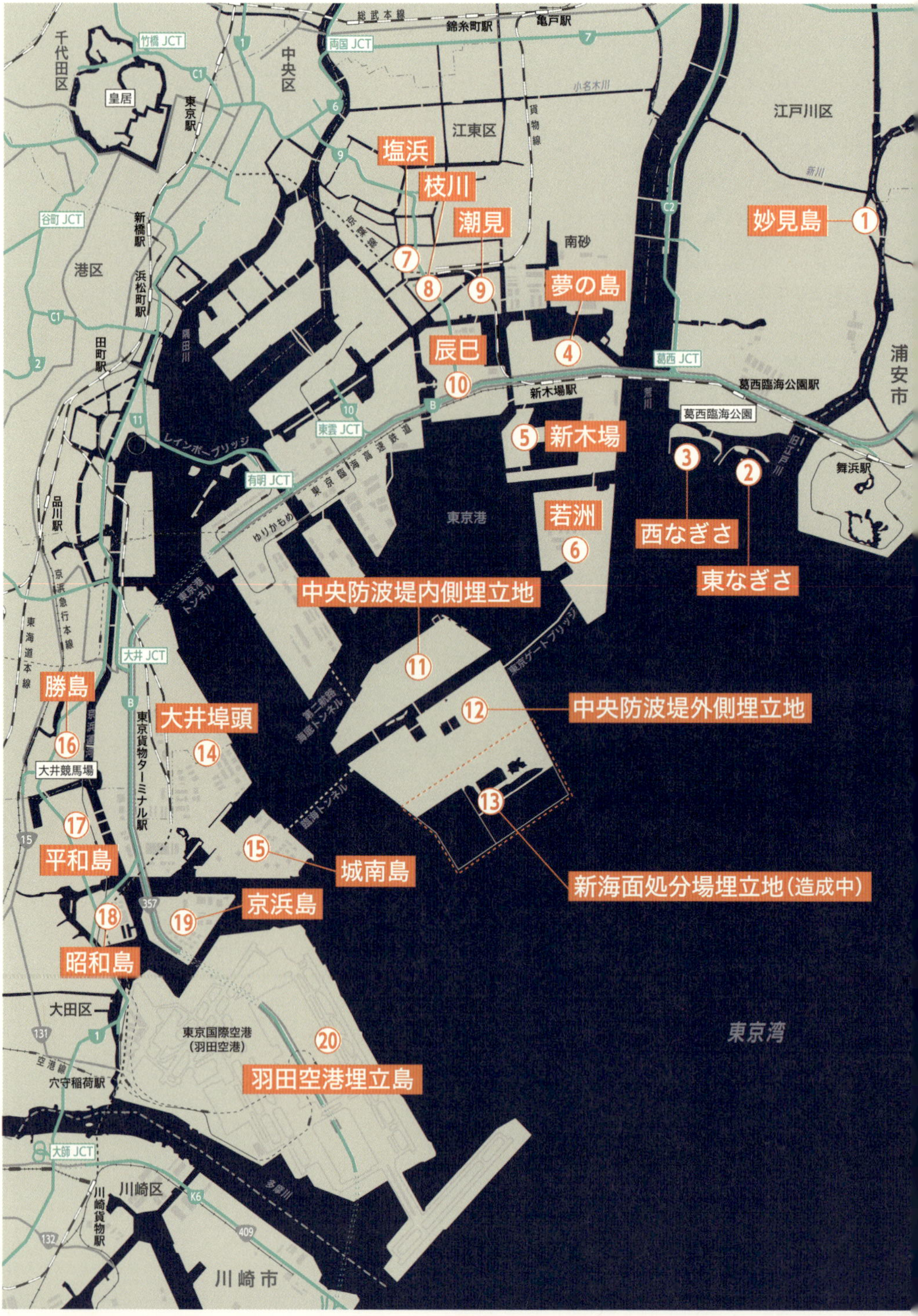

妙見島
1
2
東なぎさ
3
西なぎさ
4
夢の島
5
新木場
6
若洲
7
塩浜
8
枝川
9
潮見
10
辰巳
11
中央防波堤内側埋立地
12
中央防波堤外側埋立地
13
新海面処分場埋立地（造成中）
14
大井埠頭
15
城南島
16
勝島
17
平和島
18
昭和島
19
京浜島
20
羽田空港埋立島
千代田区
皇居
竹橋JCT
中央区
両国JCT
錦糸町駅
亀戸駅
総武本線
小名木川
江東区
貨物線
江戸川区
新川
東京駅
谷町JCT
新橋駅
港区
浜松町駅
田町駅
南砂
葛西JCT
葛西臨海公園駅
葛西臨海公園
旧江戸川
舞浜駅
浦安市
新木場駅
東雲JCT
有明JCT
レインボーブリッジ
東京臨海高速鉄道
ゆりかもめ
東京港
東京港トンネル
品川駅
京浜急行本線
東海道本線
東京ゲートブリッジ
第二航路海底トンネル
臨海トンネル
大井JCT
東京貨物ターミナル駅
大井競馬場
東京湾
大田区
東京国際空港
（羽田空港）
空港線
穴守稲荷駅
大師JCT
多摩川
川崎区
川崎貨物駅
川崎市

東京都②

霊岸島
21
江東区
石川島
23
越中島《えっちゅうじま》
22
佃《つくだ》
24
中央区
波除神社
築地
月島
25
勝どき
26
晴海埠頭
28
豊海町《とよみちょう》
27
浜離宮庭園
豊洲駅
日の出埠頭
38
新豊洲駅
東雲《しののめ》
30
豊洲埠頭
29
芝浦
40
芝浦埠頭
39
第六台場
第三台場
有明
31
41
芝浦アイランド
33
34
レインボーブリッジ
東京臨海高速鉄道
有明 JCT
東京ビッグサイト
鳥の島
35
42
お台場
36
ゆりかもめ
港南３・４丁目
43
品川埠頭
32
44
品川火力発電所
天王洲アイル
有明フェリー埠頭
テレコムセンター駅
東京港
東京港トンネル
大井火力発電所
37
青海《あおみ》
京浜急行本線
コンテナターミナル
東京貨物ターミナル駅
東京湾
大井 JCT
第二航路海底トンネル
三宅坂 JCT
有楽町駅
京橋 JCT
谷町 JCT
新橋駅
港区
浜松町駅
浜崎橋 JCT
田町駅
品川駅
東京モノレール
東雲 JCT

神奈川県①

蒲田駅
東海道本線
京浜急行本線
空港線
東京国際空港
(羽田空港)
港北区
東急東横線
幸区
大師JCT
大師線
多摩川
多摩川トンネル
川崎駅
川崎市
横浜市
鶴見区
安善町２丁目
大川町
扇町
千鳥町
浮島
川崎区
浜川崎駅
水江町
川崎浮島JCT
川崎航路トンネル
鶴見駅
横浜線
新横浜駅
恵比須町
守屋町
出田町《でたまち》埠頭
新子安駅
生麦JCT
京浜運河
東扇島
京浜港
川崎港
首都高速道路
東扇島火力発電所
神奈川区
宝町
鶴見川
扇島
JFEスチール東日本製鉄所
大黒町
千若町《ちわかちょう》
鶴見つばさ橋
横浜駅
瑞穂《みずほ》埠頭
横浜港
大黒JCT
横浜ベイブリッジ
大黒埠頭
桜木町駅
西区
新港《しんこう》埠頭
本牧《ほんもく》埠頭
本牧JCT
南区
中区
磯子区
根岸駅
神奈川臨海鉄道専用線
南本牧《みなみほんもく》埠頭
磯子駅
磯子火力発電所
横浜港
東京湾
新杉田駅
根岸線
金沢シーサイドライン
幸浦IC
金沢区
45
46
47
48
49
50
51
52
53
54
55
56
57
58
59
60
61
62
63

神奈川県②

金沢区
金沢八景駅
八景島
64
野島
65
夏島
66
夏島町
追浜駅
吾妻島《あづましま》
67
長浦湾
京浜急行
逗子市
東逗子駅
米軍施設
横須賀本港
米軍施設
横須賀港
逗子IC
田浦駅
横須賀駅
猿島
第一海堡《かいほ》
69
第二海堡《かいほ》
70
※第三海堡《かいほ》(撤去済)
横須賀IC
横須賀線
三浦郡
横須賀市
旗山崎
馬堀海岸IC
観音崎
浦賀IC
浦賀駅
衣笠駅
衣笠IC
佐原IC
浦賀港
久里浜駅
千代ヶ崎
久里浜港
三浦半島
笠島
天神島
観音鼻
小和田湾
海獺島
荒崎
三浦市
134
金田湾
黒崎の鼻
三崎口駅
沖ノ島
小網代湾
雨崎
東京湾
剣崎
濱ヶ崎
横瀬島
長津呂崎
城ヶ島
安房崎

千葉県①

川崎市
K1
K6
浮島 JCT
京浜港
川崎港
東扇島
扇島
68
川崎人工島
東京湾アクアライン
71
海ほたる(木更津人工島)
京葉工業地帯半島埋立
東京ガス袖ヶ浦 LNG 基地
東京電力袖ヶ浦火力発電所
木更津金田 IC
袖ヶ浦駅
袖ヶ浦市
16
巌根駅
東京湾
陸上自衛隊木更津駐屯地
内房線
中の島
72
久留里線
409
木更津港
木更津駅
木更津 JCT
新日鐵住金君津製鐵所
木材港
木更津市
第一海《かい》堡《ほ》
小糸川
木更津南 JCT
東京電力富津火力発電所
木更津南 IC
第二海《かい》堡《ほ》
館山自動車道
青堀駅
君津駅
127
70
69
富津岬
君津 IC
465
大貫駅
君津市
※第三海《かい》堡《ほ》(撤去済)
富津市
磯根崎
旗山崎
房総半島
観音崎
佐貫町駅
富津中央 IC
465
浦賀港

千葉県②

市川市
船橋市
八千代市
武蔵野線
東武野田線
新京成電鉄
京葉高速鉄道
市川駅
総武本線
京葉道路
西船橋駅
船橋駅
京成本線
市川IC
船橋IC
湾岸市川IC
津田沼駅
習志野市
花見川区
谷津干潟
谷津船橋IC
幕張IC
千葉北IC
江戸川区
浦安市
三番瀬
幕張駅
宮野木JCT
浦安IC
湾岸習志野IC
京成千葉線
海浜幕張駅
稲毛区
新浦安駅
潮見町と東浜
稲毛海岸駅
稲毛駅
舞浜駅
京葉線
美浜区
千葉駅
東京ディズニーランド敷地の埋立島
川崎町
中央区
JFEスチール東日本製鉄所
蘇我駅
千葉港
東京湾
三井造船千葉事業所
五井火力発電所
京葉工業地帯半島埋立地
五井南海岸
京葉臨海鉄道貨物線
内房線
五井駅
千種海岸
市原IC
東京電力姉崎火力発電所
姉崎海岸
姉ヶ崎駅
市原市

※本文にて、島名の後ろに付けられたＭＡＰ番号は、巻頭地図（4～11ページ）の島番号に対応しています。

プロローグ PROLOGUE

「日本は島国」とよくいわれます。

では、そんな島国の日本に、島はいったいいくつあるのかご存知でしょうか。

約六八〇〇。これが日本の島の総数です。そして、このうちの四三〇島に人が住んでいます。かつてはもっと多くの島に人が住み、生活を営んでいました。しかし過疎化現象で徐々に人口は減り続け、近年はほぼこの数字で推移しているというのが現状です。

日本にはほんとうにたくさんの島があります。

北海道の北のてっぺんには礼文《れぶん》島、利尻島という漁業の盛んな島があり、日本列島の南西方面に佐渡島や隠岐《おき》諸島。太平洋側には三宅島、八丈島など伊豆諸島。さらに東京から約一〇〇〇キロ離れた小笠原諸島。そして西に行けば瀬戸内海には淡路島から小豆《しょうど》島などのほか、多くの小島が点在し、九州には長崎県の壱岐島《いきのしま》・対馬《つしま》島、鹿児島沖には種子島、屋久島、そこから奄美大島、沖縄本島へとはるか彼方まで続いています。これらの島の中には、人口わずか数十人で船が数日おきにしかやって来ないという交通不便な離れ小島や、人間がとうてい住めないであろう切り立った断崖の島もあります。もちろんそれぞれの島には名前があり、国土地理院発行の地図やグーグル・マップには記載があります。

第一海堡

しかし日本にはそれ以外にも、実は島として公式にはカウントされていない数多くの島があったのです。それも本土から何千キロと離れた離島ではなく、首都東京の目と鼻の先、東京湾内にです。

私がこれに気づいたのは、小笠原諸島からの帰途、東京竹芝桟橋と父島を結ぶ定期船「おがさわら丸」が東京湾に入ったときのことでした。

湾口の観音埼灯台を過ぎたとき千葉県富津沖に小さな島らしき影がふたつ見えたのです。それらは目測で大きさが左右二〇〇メートルから三〇〇メートルたらず、わずかながら緑があり白い灯台らしきものも見える。しかしとても人が暮らしている場所には見えませんでした。あとからわかったのですが、これは明治から大正の時代にかけて外国の軍隊から国土を守るためにつくられた、「海堡《かいほ》」という人工の要塞でした。

これは、まぎれもなく島だな――そう思いました。

さらに船が東京港の深奥部にさしかかり、羽田空港を左手に見ながら竹芝に向かって航行していくとき、左右に見える城南島、中央防波堤、大井埠頭、お台場、品川埠頭などなど。巨大なガントリークレーンがそびえ立ち、倉庫群とコンテナが山脈のように積まれたその場所は、よく見るとすべてが陸地から水路で隔てられていました。つまりそこも島だったのです。

そう気づいてこの付近をよく見まわしてみると、視界に入る陸地のすべてが、本土の岸壁でもなく、自然の島でもない、真っ平らな人工の島だったのです。これには思わず言葉を失いました。この航路を数えきれないほど通りながら、私はこれらを一度として島と認識していなかった――そんな自分に驚いたのです。

江東区有明の埋立地

私は一九七〇年、一九才のとき奄美群島の与論島を訪れたことをきっかけに離島に魅せられ、日本中の島という島をめぐってきました。その後、雑誌編集者を経て写真家となり、島を旅することは私の仕事となりました。一年に二〇島ほど渡るという生活を四五年以上続け、二〇一五年には日本全国の島を網羅した『島の博物事典』(成山堂書店)なる全六八八ページにも及ぶ分厚い事典まで刊行しました。人の住んでいる四三〇島はすべて歩ききり、日本の島について自分に知らないことはないと思い込んでいました。

それが、違ったのです。しかも後にさまざまな島の本を調べ直してみても、これらの島が島として紹介されているものはどこにも見あたりませんでした。するといったい東京湾には、はたしていくつこういう島があるのだろうと、次々に興味が湧いてきたのです。

人の住む四三〇の島すべて行きつくして満足しきっていた私にとって、このとき「島」というものに対する概念がみごとに崩れました。

一般に「島」といえば、マグマやプレートなど地殻の活動・変動によって海底が隆起、あるいは海面の低下によって海の上に現れた陸地を指します。近年では小笠原諸島近海の海底噴火活動で誕生した、西之島を思い浮かべればイメージしやすいのではないでしょうか。西之島(旧島)は当初面積わずか〇・〇七平方キロメートル、長さにして東西六〇〇メートルほど小さな陸地にすぎませんでしたが、二〇一三年に旧島の南南東五〇〇メートル先で噴火があり、新しい陸地が突如出現。その面積は

［上］灯台と海象観測ステーションがある岩礁・海獺島（横須賀市）
［下］東京湾内最大の自然島・猿島（横須賀市）

現在も広がり続けています。

日本の地図に記載されている六八〇〇の島々はすべて、太古の時代、このような地球内部の活動によって自然にできた島、つまり自然島です。

東京湾にもマクロな眼で見ていくと、自然島はあります。しかし横須賀沖にある猿島以外は、自然島と呼ぶのにじゅうぶんな大きさを持つ島はありません。ほかには横須賀の海獺《あしか》島、金沢八景の琵琶《びわ》島などがありますが、それらは島というよりも小さな岩礁程度のものです。

それに比べ東京湾に人の手によって作られた島、つまり人工島はどれほどの数存在しているでしょう？　東京湾の地図を開き眼を皿のようにして、千葉、東京、神奈川三県の湾岸部をなめるように見つめていくと、本土とは橋や道路で繋がっていながらも四方を海や水路に囲まれ、なにやら不自然なほどに一直線の海岸線や、角ばった土地が海ぎわにびっしりあることに気づくはずです。

これです。こういう場所のほぼすべてが埋め立て造成された土地、つまり人工島なのです。私が調べたところ、日本の島としてカウントされていない人工島は、東京湾に七〇余島もありました。

自然にできた島、つまり自然島こそが一般的に島と呼ばれると先に述べました。しかしその認識の一方で、埋め立ててつくられた人工島も、明らかに島であると私は考えます。なぜなら「シマ」という言葉には「区域」「地域」「なわばり」といった、限定もしくは制限する「場所」としての意味があるからです。

ごみの地層が露出した中央防波堤外側埋立地

ならば人工島も、海上（水上）に「ある目的を持ってつくられた土地＝区域」なのだから、それも「島」であると考えてさしつかえないと思うのです。なによりこうした人工島は、「昭和島」「平和島」「城南島」など、その多くが「島」と名付けられているのですから。

人工島のつくられかたはひとつではありません。最も一般的なのは、ごみをはじめ廃棄物や土砂など、さまざまなものを埋め立てながら造成してできた島。これが埋立島です。江東区の夢の島が、高度成長期、都民の出す膨大な生活ごみによって埋め立てられつくられた島だったということは、現在五〇代以上の人々ならよくご存知のことだと思います。

しかし一方に、半島などの一部を水路で開削して切り離し、人工的につくり出した島もあります。つまりごみなどを運び込んでゼロからつくったのではなく、すでにある陸地を離島化したものです。例としては、横須賀で米軍基地として使われている吾妻《あづま》島があります。また、上流から運ばれてきた大量の砂が河の途中や河口に「洲」つくることがありますが、これを人工的に囲ったり、さらに土砂を運び込んでつくられる島もあります。葛飾区旧江戸川の中洲にある妙見《みょうけん》島、中央区隅田川河口の佃《つくだ》島などがそうです。

それではなぜ、東京湾にはこれほどの数の人工島が生まれたのでしょうか？

天正一八年（一五九〇年）、徳川家康が江戸城へ入城したとき、江戸は見渡すかぎり葦《よし》の生え渡る荒涼とした湿地帯だったといわれます。江戸城の南、現在の日比谷公園から新橋にいたるまでは日比谷入江と呼ばれる内海で、中央区の築地、月島、八丁堀あたりはすべて海。江東区の深川、越中島、木場、南砂、北砂なども人の住めない湿地帯でした。

家康はそんな不毛の土地を経済の中心とすべく、湿地を埋め立て水路をつくり海運を発展させ、灌《かん》漑《がい》して農地を広げ米づくりを推進させます。そうやって江戸が都として発展していくにつれ人々が移り住み人口が増加すると、今度は人が排出する生活ごみがあふれ出し、それを埋め立てるためにさらに土地が増えていきました。これらの発想と必要に応じて生まれた技術が、東京湾の人工島建設への礎《いしずえ》となっていきます。

また江戸末期にはマシュー・ペリー率いるアメリカ艦隊の襲来に備え、幕府は品川沖に六つの海上砲台としての人工島を建設します。現在のお台場です。この国土防衛の動きは維新以降も続き、明治から大正にかけては前述した「海堡《かいほ》」が千葉県富津岬沖につくられます。

そしてなにより時代が進むにつれ、日本国自身が西欧列強に追いつけ追い越せと急速な近代化を推進し、大型船が入港できる港としての埠頭がつくられ、国力のエンジンたる工業地帯を広げるため、人工島は次々とその数を増やしていきます。

かつて武蔵野の一寒村だった江戸は、長い年月のうちに世界名だたる大都市東京へと変貌しました。その長い長い歴史の中で、江戸湾も大きく地形を変えながら今日の東京湾に変化してきたのです。そう考えると湾岸を埋め尽くす大小さまざまな人工島は、その時々の東京を映し出した時代の鏡なのかもしれません。

私はそんな東京湾にできた人工の島々を、東京湾諸島と名付けてみました。もしかするとそこには長い間忘れ去られていた、古い東京の記憶が埋め込まれているのではないかと思うのです。そんなことを考えていたら、東京湾の人工島を片っ端から歩いてみたくなりました。

自然の力によって生まれた自然島とは違って、人工島にはそれをつくった人々がいて、彼らの意思と想いが残されているはずです。歴史があり伝承があり、信仰があり怨念があるかもしれません。理念があり希望があり、そして失われたものの数だけ都市伝説が残されました。

さあ、そんな七〇余島の東京湾諸島の旅に、いざ出発です。

第一章 アイランド・アーキテクト 01

人工島とは何だろう?

人工島とは何だろう?

あらためてここからはじめてみよう。

人工島は島の種類を区分する最初の基本概念で、地球の活動でつくられた自然島に対して、人の手(人工)によってつくられた島というもうひとつの存在である。

だから自然島の中には地球創世時の太古の活動をしのばせる地層が残っていたり、海洋プレートに乗って大海を移動した痕跡を残す島や、その島にだけしか生息・生育しないという固有の動植物が生き延びていたりするのだが、人工島にはそうした地球ができた時代はまず関係しない。ずっとずっとのち、すべて近代になってからつくられた島だから、自然島のような考古学的史跡が見あたらないのは当然だ。しかし、人工島に歴史がないかというとそんなことはない。とりわけ興味深いのは、人の手によってつくられたものだから、でき上がったその時々の時代を、良きにつけ悪しきにつけ鏡のように映し出しているということだ。つまり人工島がつくられるにあたって使われる材料は、その時代

伊豆大島の地層断面

をあらわしている。

多くの人工島は海面に「何か」を投入し、海底にその「何か」が溜まり積《つ》もったものが海面上に出現し、その面積を広げてつくり出される。この作業が「埋め立て」だ。そして海に投入する「何か」については、そもそも埋め立てというものがはじまった起源となる江戸時代までさかのぼると、最初は人々の生活から出たごみだったことがわかる。

ただし、人工島をつくる材料はごみばかりではない。東京湾は今もむかしも遠浅で水深が浅かったため、大型船の航行を可能にするため、海底の土砂をさらう「浚渫《しゅんせつ》」という工事が必要だった。そこで大量に出た浚渫土を埋め立てに使うことで、人工島は飛躍的に多くつくられるようになる。

また、生活ごみと浚渫土のほかには瓦礫《がれき》もある。「火事と喧嘩は江戸の華」といわれたように、江戸は古くから火災の多い都市だった。それは維新以降も実は変わらず、明治五年（一八七二）には丸の内、銀座、築地一帯が焼失したいわゆる「銀座大火」があり、大正一二年（一九二三）の関東大震災では、東京全土が壊滅状態に陥った。近年の東日本大震災や先の熊本地震をみてもわかるように、あのような大災害の後では絶望的なほどの手に負えない瓦礫が残される。これらを処分するには海中に埋めてしまうしか方法はなく、また前述したように遠浅の東京湾は瓦礫を埋めて新しい土地をつくり出すには好都合だったのだ。

やがて近代化が進むにつれ、そういった恣《しい》意性は薄れ、人工島は経済性を優先させるまま意図的に、そしてインダストリアルに誕生していく。

地図で人工島をよく見てみると、工業地帯の多くの人工島には橋が架かり、その間には運河が通っ

海底の土砂をさらう浚渫工事（SH300/PIXTA）

ている。つまり、あきらかに本土の陸側から間をあけてつくられた島ということがわかる。この意味は何だろう？　理由は簡単だ。人工島は企業が占有している場合が多いからだ。

島への出入り口を一か所とすることで外部からの入島者を管理することができるし、なによりまわりに運河をめぐらすということで、船舶による海上輸送の受け入れと出荷作業に大きな利便性を持つ。そしてもうひとつ、コンビナート施設などの場合、万一の火災や事故の際も考慮して、市街地などから海を隔てた場所に離しておくという意味合いもある。

しかし一方で、とりわけ千葉県側の工業地帯、市原《いちはら》あたりから木更津《きさらづ》にかけての沿岸部の埋立地が「島型」ではなく、本土から陸続きで突き出た「半島型」だということに気がつくはずだ。

これは運河を浚渫しながら「島型」の人工島をつくり出した京浜工業地帯に比べ、千葉県側には埋立地の背後（陸側）の土地に余裕があり、また国道一六号線を挟んで市街地が迫っていないという点でコンビナート施設などを地続きで隣接させても問題がなかったこと、そして豊富な浚渫土や山砂を使い工業用敷地をできるだけ広大な面積で確保したかったからだ。

それでは、東京湾諸島の人工島、そのいくつかの例を挙げ、具体的なつくられかたを見ていこう。

元祖「ごみの島」の数奇な歴史——夢の島

江東区「夢の島」（MAP❹）と呼ばれるのは、かつて東京湾埋立14号地その1とされた人工島の、首都高湾岸線の北側を指す。緑豊かな公園があり少年野球のグラウンドがあり、熱帯植物館がある。今日この島を訪れた人は、かつてここがごみの埋立地として大きな社会問題となった場所とはだれも

京葉工業地域の工場群

思わないはずだ。島の裏側には美しく広大なヨットハーバーまであり、海を渡るさわやかな潮風に吹かれていると、自分が東京湾の海辺にいることすら忘れてしまいそうだ。

しかし、およそ半世紀前に日本初のオリンピック（一九六四）が東京で開催され、戦後の高度経済成長の顕著だった昭和三二年から四二年（一九五七〜一九六七）当時の東京、その一〇年間を知る年代の人たちは、この島の名前を聞くと頭のすみに眠っていたあの散乱するごみと大発生したハエ、見渡すかぎりうず高く積まれたごみの山の光景を思い出すはずだ。それは夢の島などではなく、むしろ悪夢に近いものだった。

生ごみや一般ごみにたかるハエの大量発生を止めるため薬剤が散布され、挙句の果てはごみ山全体に油をかけて焼却するという方法までがとられた。あたり一帯が煙幕に覆われ、それは六〇年代に生まれたまさに「公害」という言葉の象徴であった。現在なら近代的な清掃工場の高温焼却によりダイオキシンなども出さず、しかも焼却後のごみの量は当時の二〇分の一という少量に押さえられている。けれど当時は今日のような高度な設備もなく、またごみに対しての知識も薄かったのだ。急激な経済成長の一方で急増するごみの処理にすべてが追いつかない状態であった。

ところで夢の島こと東京湾埋立14号地その1が、最初からごみ捨ての島として造成されたと思っている人は多いのではないだろうか？　かくいう私もいわゆる反語として、皮肉の意味を込めてだれかが「夢の島」と呼んだのが、いつのまにか定着してしまったのではないかと思っていた。しかし、実際はまったく違う。

まず発端となったのは、昭和六年（一九三一）からはじまった「東京港修築事業計画」だった。繰り返し書いているように東京湾は水深の浅い海だったので、近代化が進むにつれ巨大化していく船舶の

［右］東京夢の島マリーナ
［左ページ］夢の島公園から見える清掃工場煙突

航行が困難ということなり、海底の土砂をさらう「浚渫《しゅんせつ》」をおこなう必要が生まれた。浚渫をやれば当然大量の浚渫土が出る。先に書いたようにそれを使って新たな埋立地ができる。真っ平らな埋立地ができたら次はそこを何に使うかということになり、広大な平地をそのまま生かせるのは飛行場だろうと。こうして昭和一三年（一九三八）、新しい飛行場が埋立14号地その1に計画された。

名称は「東京市飛行場」。面積およそ二五一ヘクタール。これは東京ドーム五四個分に相当し、現在の東京国際空港（羽田空港）の一五二二ヘクタールと比べるとずいぶん小さく感じられかもしれないが、当時としてはこれが世界最大級であり、そこに滑走路を三本整備する予定であった。

しかし昭和六年八月二五日には、すでに羽田には民間航空専用空港東京飛行場（羽田飛行場）が開港していた。現在の東京国際空港（羽田空港）である。なぜ同じ東京湾、しかもこれほど近い場所にもうひとつ空港をと考えたのか？　それは首都東京の中心部から約一八キロメートル離れた場所にある羽田は、交通機関の未発達な当時としては時間のかかる遠い場所であり、滑走路もまだ一本だけしかなかった。一方、夢の島ならばその距離わずか六キロ。大都市の空港としては実にアクセスのよい魅力的で広大な土地だったのだ。

もしもこれが実現していれば、「世界一不便だ」と揶揄される成田国際空港は計画されなかったかもしれないし、空港用地買収交渉をめぐる三里塚闘争という、長く不毛な対立も生まれなかっただろう。

しかし結論から言うと、この新しい東京市飛行場計画は頓挫する。

昭和一四年（一九三九）に着工されるも、その二年前よりはじまっていた日中戦争の激化により国内では多くの物資が不足しはじめ、完成予定の昭和一六年（一九四一）を過ぎても目途《めど》すら立たず、その後いよいよ太平洋戦争が開戦となってついに工事は中止となる。

そして敗戦後、ＧＨＱ（連合国軍最高司令官総司令部）が羽田を新空港として整備する方針を決めたため、埋立地「夢の島」の東京市飛行場計画は白紙に戻されたのだった。

結局、東京湾埋立14号地その1は、海面上一メートルから三メートルといった、実に中途半端な更地として残されてしまった。その何もない荒涼とした空き地には、江東区南砂町地先《ちさき》という仮町名だけが付けられた。戦争によって身も心も傷ついた人々は、この南砂町地先にはいったい何ができるだろうと夢を語り、遊園地建設などの噂もたったことがあったそうだ。

そしてほどなくここに、〈「東京のハワイ」が誕生します――〉というキャッチフレーズとともに海水浴場がオープンする。昭和二二年（一九四七）夏のことだ。この海水浴場の名前が、「夢の島海水浴場」だった。

戦後の窮乏期とはいえ、いや、そんな戦争が終わったばかりの開放感からだろうか、海水浴場は大いににぎわったという。ところが開設からわずか三年で閉鎖されてしまう。たび重なる台風被害と財政難が理由だったそうだ。

そして、「夢の島」という名称だけが残った。

以降のことは冒頭に記したとおり。六〇年代前半より、夢の島で発生したハエの大群が強い南風に乗って江東区南西部を中心とした広い地域に拡散し、大きな被害をもたらすようになった。昭和四〇年七月、警察、消防、自衛隊らの協力を得て、ごみの山を焼き払う「夢の島焦土作戦」が実行される。しかし根本的な問題は解決せず、昭和四六年、当時の東京都知事・美濃部亮吉は都議会にて「東京ごみ戦争」を宣言。杉並区高井戸に近代的な清掃工場の建設を進めるなどの政策もあって、都民の中にもごみ問題に対する意識がしだいに高まっていく。

一方の「夢の島」も昭和四二年にすべての埋め立てが終了。その一一年後の昭和五三年（一九七八）には東京都立夢の島公園が開園。整備が進み、「ごみの島」というイメージは払拭され現在にいたる。また、昭和四〇年（一九六五）からは江東区若洲15号埋立地が「新夢の島」として、昭和四八年（一九七三）以降は中央防波堤内側埋立地、同外側埋立地が「三代目夢の島」「四代目夢の島」としてごみの最終処分場となっている。つまり数奇な運命をたどりながら数々のノウハウを会得した初代「夢の島」が礎となり、東京湾諸島は現在もその面積を増やし続けているのである。

洲から島になった佃《つくだ》島

佃島といえばまず佃煮を連想してしまうほど、この食べものとの結びつきで知名度の高い場所ではないだろうか。ところが、ではこの島がいったいどこにあるのかと問われれば、意外に知らない人が多いようだ。

［右ページ］夢の島に埋められるごみ（1970年・時事通信）

しかしそれもある意味で無理もないことなのかもしれない。なぜなら現在、「佃島」という島は存在しないからだ。地図で見ると、島としては月島に吸収されるように合体し、住所表記も「佃」（MAP㉔）とされている。

かつて江戸湾の奥深く、現在の名でいえば隅田川の河口部や中央区あたりの沖には、川から運ばれてきた川砂などが堆積して洲《す》ができていた。もともと関東平野は高低差に乏しく、江戸湾は遠浅であったから、洲ができやすい場所だったのだ。

洲というものは、初期のころには川の増水などで流されて消失したりすることもあるが、長い年月の間にしだいに堅固さを増して、しっかりとした地面が形成され草木が育ったりもする。そのような洲が、佃島をつくり出す基礎となった。

佃島に人が住むようになったのには、ひとつのエピソードが残されている。

天正一〇年（一五八二）、明智光秀が京都本能寺で織田信長を討った。このとき、信長の盟友であった徳川家康はわずかな手勢とともに大坂、堺に滞在していた。つまり家康は敵地の中で孤立したのだ。決死の覚悟で本拠地・岡崎城へと戻ろうとしたが、神崎川まで来たところで川を渡る舟がなく進退窮《きわ》まった。家康、生涯最大の危機であったともいわれている。

そこに救世主のごとく現れたのが、摂津国（現・大阪府）佃村の漁民たちであったという。彼らは船を提供し、漁師ならではの巧みな操縦で家康を大坂から脱出させた。佃村の漁民たちはそのとき、家康にとって命の恩人となったのだ。

それから六年後の天正一八年（一五九〇）、江戸に入る際、家康はその佃村の漁民三三人を同行させ、まだ名前もなかった隅田川河口部のひとつの洲を居住地として与えたのだ。

［右］浮世絵に描かれた佃島
葛飾北斎『冨嶽三十六景　武陽佃嶌』（国会図書館蔵）
［左ページ］水路に囲まれた佃１丁目（かつての佃島）

その洲を拝領するということはすなわち、海と川の両方の漁業権も付与されるということである。まさに命の恩人にふさわしい最上の待遇であった。

漁民たちはこの洲を頑丈な島へと変えるべく埋め立てをおこない、正保二年（一六四五）、自分たちの故郷・佃村の名を冠し佃島とした。

このとき拝領した佃島の大きさは「百間四方」といわれる。一間は約一・八メートルだからおよそ一八〇メートル四方の島。小さな島だが三三人の漁師が漁で暮らしを立てていくためには、じゅうぶんな広さであった。

そんな一八〇メートル四方の佃島のかたちが変わりはじめたのは、江戸時代の後期になってからだ。同じ河口近くには佃島より以前に、森島と鎧《よろい》島と呼ばれた洲が埋め立てられ、石川島（MAP㉓）という島になっていた。その石川島と佃島が接続されてひとつの島になる。

やがて明治時代となり、「東京湾澪浚《みおさらい》計画」という東京湾の新計画が進められる。これは川砂の流れ込みで浅くなっている東京湾の海底をさらい、その浚渫《しゅんせつ》土砂で埋立地をつくるという事業である。そして明治二五年（一八九二）、佃島は「月島」（MAP㉕）という名の新しい人工島と一体化して繋がり、番地として「佃」の名前を残すだけとなった。

中央区銀座方面から佃大橋で隅田川を渡ると、鍵型の小さな運河沿いに、住吉神社というこぢんまりとした社がある。これは摂津国の漁民たちが故郷、住吉大社より分霊し創建したものだ。

先に、徳川家康は命を救ってくれた恩義から、彼らを佃の地を与え住まわせたと書いた。しかし、これにはもうひとつ別の説が存在する。

江戸に入った家康がまずおこなった事業のひとつに、隅田川から旧中川を結ぶ運河、小名木川《おなぎがわ》の造成があった。これは兵糧《ひょうろう》としての塩を千葉の行徳《ぎょうとく》塩田から運ぶ水路であったが、当時の関東平野では戦国時代一〇〇年間を統治した北条氏の勢力がいまだ強く、江戸近隣の漁民も多くがその支配下に置かれていた。

つまり小名木川とは軍事用の重要な水路であり、そこをゆく船の操縦は兵糧と乗船者たちの命運を握る。そんな重要な役割を、家康は北条氏の息のかかった漁民などにはまかせられなかった。だから本能寺の変直後の大阪脱出で巧みな船の操縦技術と忠誠を見せた、摂津佃の漁民たちをわざわざ江戸まで連れてきたのだ。

そう、彼らは単なる漁師ではなく、重大な任務を背負ったいわば輸送艦の操縦士であり兵士だったのだ。けれど戦乱の世もほどなくして終わり、佃島の住人にも平穏な日々が訪れた。佃の民は漁師に戻り、近海で捕れた小魚や貝類を塩や醤油で煮詰めて、悪天候時の食料や出漁時の船内食とした。これが佃煮である。そしてこの平和がいつまでも続くようにと願いを込め、故郷の住吉大社より分霊を祀《まつ》ったのではないだろうか。

そんなことを考えながら現在の佃、住吉神社界隈を歩くと、この町が庶民の穏やかな暮らしの象徴だということが肌で感じられる。今でも狭い路地には密集して木造家屋が建ち並び、自家用の井戸ポンプを残す家すら見られる。

よく言われるように神社仏閣のある地域は、人間の身勝手でそう簡単には取り壊した

佃に残る自家用の井戸

り再開発したりということができない。だれもが畏《おそ》れというものを感じると同時に、大切に保存することで神や先祖に守られていることを実感するからだ。だから空を見上げると隣の石川島には巨大な高層タワーマンションが何本もそびえ立ち、あたかも近未来の都市景観が出現するが、足元の一角だけは、今も時間が止まったままのようだ。特に陽が落ちた夕刻などは、ふと江戸の裏通りを歩くような夢想にとらわれてしまう。

かつて佃島と呼ばれたこの人工島には、不思議な運命によってたどり着いた漁民たちの、安息の魂が今も生き続けている。

海上の軍事遺物　海堡《かいほ》と台場

東京湾をめぐる遊覧船や竹芝桟橋から出港する伊豆諸島行きの船などに乗ると、千葉県富津岬沖と神奈川県横須賀市との間に小さくて不思議なかたちの島がふたつあることに気づく。ひとつはひょうたんのようなひし形のような形状で、遠くからは苔《こけ》のようにも見える緑に覆われ、まるで忘れ去られた前世紀の古墳のようだ。もうひとつは島というよりも巨大で平たい運搬船のようで、よく見ると白い小さな灯台やレンガ造りの壁などがあり、あきらかに人の手が入っているものと思われるが、人間が住んでいるようにはとても見えない。あれはいったい何なのだろう?

また、レインボーブリッジを芝浦からお台場方面へと渡ると、橋の中ほど過ぎ、右手の眼下に正方形の小さな陸地が見える。ここを通ったことのある人なら、その存在に必ず気づいているはずだ。けれどあの陸地が何なのか、知る人はほとんどいない。いや、「あれは何か?」などと、気にとめたことすらないのではないか。

注意深く見ると岸壁は石垣が積まれ、まるで城跡のようだ。もしもあの小さな陸地が自然の島だったとしたら、いったいだれが何のためにご丁寧に石垣を積んで固めたのだろう。

あれはいったい何なのだ?

これらの島々は、軍事的な要塞としてつくられた特殊な人工島だ。それぞれに「海堡」「台場」と呼ばれる。

年代的にいうと、まず「台場」は江戸時代、鎖国状態を敷いていたときに幕府が設置した。

嘉永六年(一八五三)、ペリー艦隊が浦賀に来航し幕府に開国要求を迫った。これに脅威を感じた幕府は江戸の直接防衛のため、海上砲台の建設を進めたのだ。当初は品川沖に一一基の台場を、一定の間隔で築造する計画であった。工事は驚異的なスピードで進められ、およそ八か月という期間で砲台は一部完成、品川台場(品海砲台)と呼ばれた。ちなみに現在の「お台場」という呼び名は、幕府に敬意を払って台場に「御」をつけ、御台場と称したことによる。

翌嘉永七年、二度目の来航時、ペリー艦隊は品川沖まで来たが、この砲台があったおかげで引き返し、再び浦賀へ向かったとされる。

台場は石垣で囲まれた正方形や五角形の洋式砲台であり、まず海上に第一台場から第三台場が完成、その後に第五台場と第六台場が完成した。第四台場は七割ほど完成していたが中止、第七台場は未完成、第八台場以降は未着手で終わった。

その結果、残された台場は五か所。しかしのちに東京の港湾の発展とともに、新たに埠頭をつくるための整備や、関東大震災時に大きく破壊したために撤去されたものがあり、

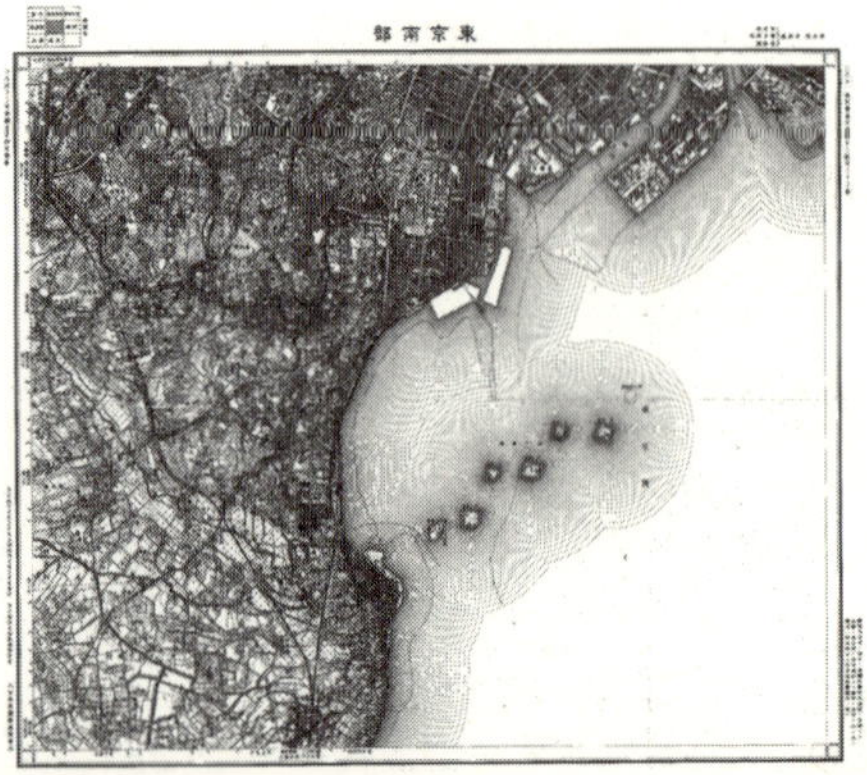

[右] 品川沖に造成された台場。大日本帝國陸地測量部の地図より(1909年・国土地理院)

[左ページ] 第六台場とレインボーブリッジ

現在かたちを残しているのは、先に書いたレインボーブリッジ中ほどから見える第六台場（MAP㉝）と、その先、現在はフジテレビのある港区台場と半島型で繋がり、緑豊かな美しい「台場公園」となっている第三台場（MAP㉞）だけである。

この台場をつくるためには、現在の泉岳寺《せんがくじ》から品川付近にかけての良質な土が使われたという。当時の埋め立て事情としてはごみや残土といったものが一般的だったが、そうした捨てるようなものはいっさい使わず、純然たるそのためだけの土が運び出された。こういうケースは非常に珍しい。まさに国家的な威信とでもいえそうな、強靭な意思を感じさせる。

そして「海堡」。明治から大正にかけて、時の陸軍大将・山縣《やまがた》有朋《ありとも》が日本国内の要塞化を主張したことにより、千葉県富津岬沖から神奈川県横須賀市側にかけて、首都防衛のために三か所に人工島が造成された。これに自然島の猿島と合わせ、東京湾口に円弧状に存在する防衛ラインを形成した。

「海堡」も台場同様、海の中に埋め立て工事をおこなってつくられた人工島だ。東京湾は全体的に浅いといわれるが、もっとも陸に近い富津岬から約一キロメートルの第一海堡でも、水深は約五メートル。五年の歳月をかけて埋め立て、完成した。

そしてもっとも難工事であったといわれるのが、対岸、観音崎沖につくられた第三海堡だ。水深三九メートルという驚くべき深さから埋め立てをしてできた人工島であり、なんと二九年という長い歳月をかけて大正一〇年（一九二一）に完成した。

ところがそのわずか二年後、台場の一部と同様、この第三海堡もまた関東大震災に襲われる。島が五メートルも沈下したうえ大きく破壊され、結局使われないまま長い時が過ぎ、その後二〇〇〇年代に入って撤去された。

結果的には江戸も東京も海からの攻撃は一度も受けることはなく、台場も海堡も、実戦で使われることはなく役目を終えた。海堡の地上の構造物は戦後進駐軍によって爆破処理されたが、第一海堡、第二海堡（ＭＡＰ㊴㊵）の地盤は今も健在である。それだけ国家の威信をかけて強靭な人工島がつくられたのだ。

しかしこうして残された第一海堡と第二海堡だが、現在は洋上要塞として機能していないだけでなく、ひんぱんに船舶が航行する東京湾海上交通の安全性から、海難事故の原因となりうると厳しい指摘を受けている。ところが建設当初あまりに堅牢《けんろう》に設計されたため、撤去することも困難だという。なんとも皮肉でもの悲しい、戦争の傷跡である。

動く島を固定した異色の人工島――妙見《みょうけん》島

川の流れが下流に運ぶ土砂の量というのは、その川の大きさや源流の環境にもよるが、長い年月の間には膨大な量になる。山奥の上流では激流が削り取った山肌の土や岩塊が、やがて小石となって川

第二海堡（2005年上陸）
撮影／三木剛志

床を流されながら下り、下流の河口などに大量の堆積土砂となって洲《す》をつくる。土砂の量が多い川では、流れが緩くなる川の途中にも洲、つまり中洲をつくりだしたりする。

よく考えてみると洲とは不思議なものだ。川の途中であれ河口であれ、陸地となったその洲は、いったいその場所にとって何者なのだろう?

洲を構成している堆積物は川の上流域の土砂だが、洲ができた場所は、それらの出身地とは縁もゆかりもない。つまりまったく別の土地からやって来たものが、新しい土地をつくり出すのだ。ところがこれは、人工島にもあてはまる。

人工島もまた、ほかの土地で出された生ごみや産業廃棄物、燃やした焼却灰やどこかの建設廃棄材などでできている。つまり洲も人工島も、「別な場所にあったものが別な場所で新しいもの（土地）になる」という概念から成り立っているのだ。

さて、妙見島（MAP❶）という島がある。旧江戸川の中に孤島としてポツンとある。

江戸時代後期くらいはこの近辺までが海であり、もともとは河口の洲であった。それが土砂の堆積や埋め立てにより、川は海のほうへとどんどん伸びていき、現在は河口から約二キロ、ずいぶんと内陸に残された島になっている。

妙見島はかつて「流れる島」と呼ばれていたそうだ。たしかに洲というものは、そのままの状態では増水や洪水が起きるとかたちや大きさ、場所が変化し、ひどいときには流されて消滅してしまうこともある。妙見島もそのように時として位置を変え、かたちを変えていたのだろう。

このような洲を土地として利用しようとすれば、石やコンクリートで高い外周をつくり、水が浸入しないようにして、大水でも動かぬように固定する必要がある。こうして人工島としての妙見島が誕

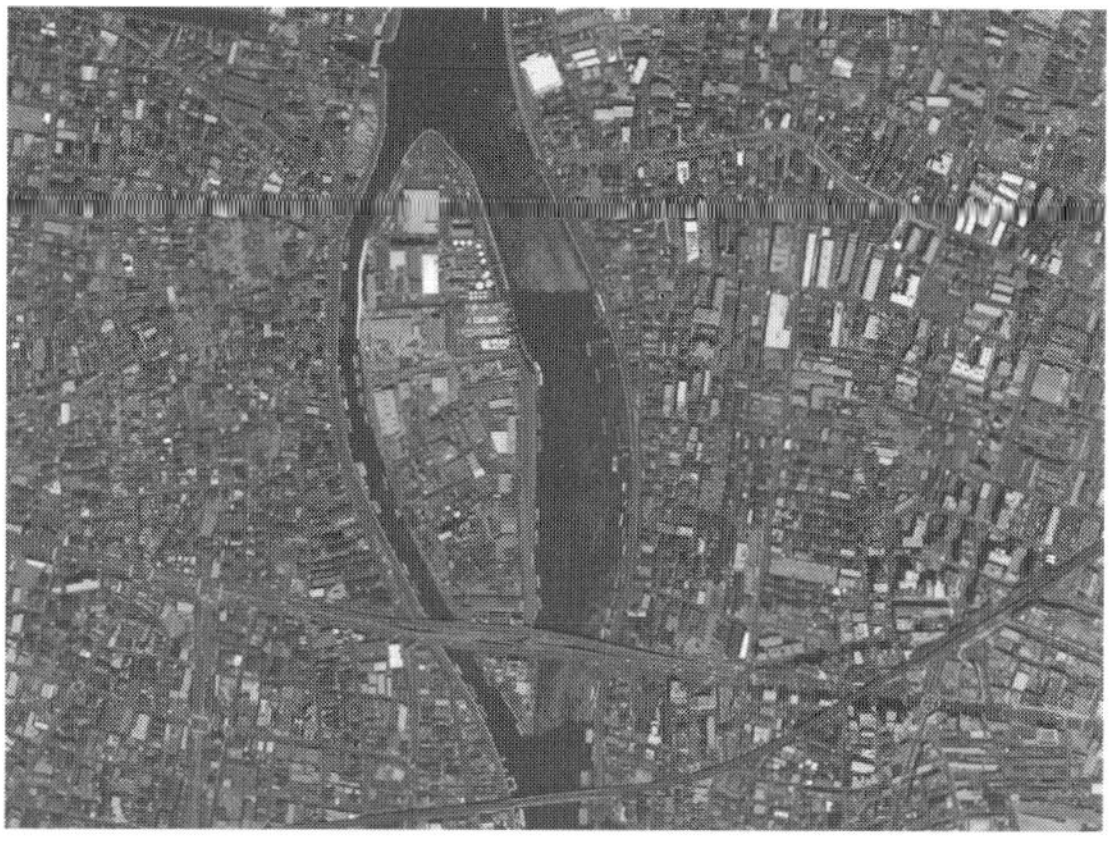
旧江戸川と妙見島の航空写真（国土地理院）

生した。つまりこの島は、洲と人工島が合体してできた土地なのだ。

妙見島は縦七〇〇メートル、幅はわずか二〇〇メートルほどしかない。こんなにも小さな島内に、なんと一四もの企業がひしめいている。食用油脂をつくる月島食品工業という大きな工場とその物流基地、広い資材置き場をかかえたゼネコン、運送会社、化成研究所、ビール工場、製材会社、ニューポート江戸川というクルーザーの係留《けいりゅう》基地まである。これらの小さな工場や倉庫で、地図上では足の踏み場もないように見える。

そんな寸分のすきまもないような過密状態の島内のかたすみに、「妙見神社」と書かれた赤い鳥居がある。かつてここには妙見菩薩を祀《まつ》る妙見堂という神社（寺）があったといわれるが、現在そのお堂はおよそ三キロメートル離れた江戸川区一之江の妙覚寺《みょうかくじ》という寺に移され、島にはその鳥居と小さな祠《ほこら》が残るのみである。

妙見菩薩とは何かを調べてみると、「インドに発祥した菩薩信仰が、中国で道教の北極星信仰と習合し、仏教の天部（天界に住む者・神様）のひとつとして日本に伝来したもの」とある。これだけではたしてどのような御利益があるのかかいもく見当もつかないが、第三章で詳しく述べるように、実は人工島には神仏や地霊が祀られる場合が少なくはない。

それは埋め立てや灌漑《かんがい》といった大規模な工事がつつがなく安全に終わってほしいという願いであったり、あるいは海や川という本来土地でないところに土地をつくってしまうということを、神をも恐れぬ行為と畏怖《いふ》したのかもしれない。

妙見島の場合も想像するしか方法はないが、「流れる島」と呼ばれていた不確かな土地が安定した恒久の生活圏になるよう、菩薩の力を借りようと願ったのではないか？　そして実際この島は、こん

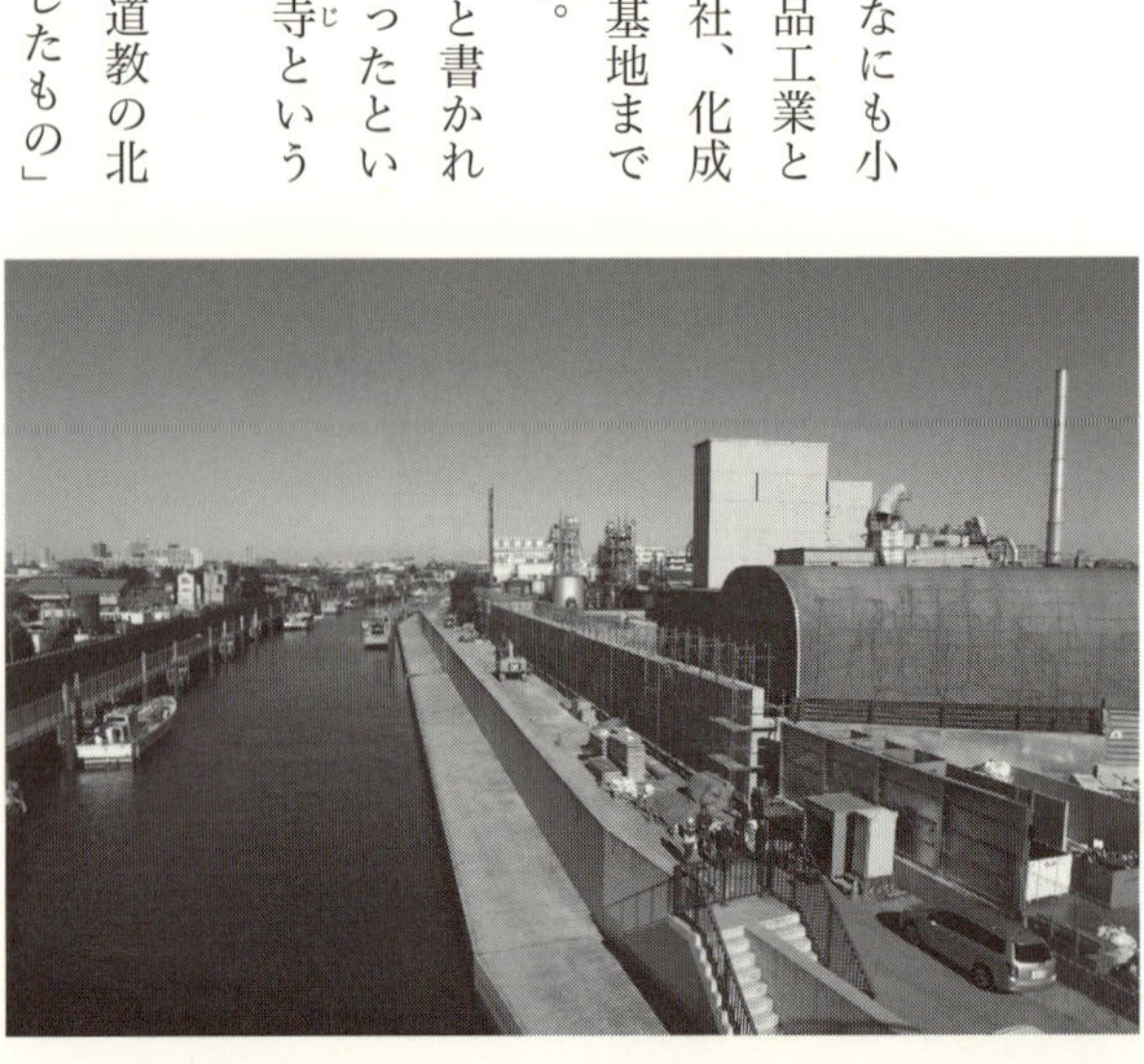

外縁を固めた妙見島

なにも小さな面積にもかかわらず、これだけの町工場や倉庫がひしめき、人々のささやかだが豊かな生活の支えになっている。

ところでそんな小さな島のはずれに、なぜか一軒のラブホテルが建っている。工場労働者しかいそうにない男臭い小さな島。そんな場所に恋人たちが愛を交わす建物があって、はたして商売が成り立っているのだろうか？　大きなお世話と思いつつよけいな心配までしてしまうのだが、実は近ごろではこのように色気のない土地でこそラブホテルは儲かるという話もある。カップルではなく客が一人で入り、デリヘル嬢という商売の女性を呼ぶからだ。男がそういう行為に耽るとき、場所は小洒落たシティホテルなどよりも、むしろこういう場末の匂いが漂う、うらぶれた連れ込み宿のほうが似合う。

そしてもうひとつはこの、川の中洲という湿った地形だ。たとえば江戸時代の吉原は水をめぐらす堀に囲まれた人工島であった。これは遊女が逃げないように壕で囲ったともいわれるが、私にはそれだけとは思えないところがある。男が女性に対して欲情を抱くとき、どういうわけか水のある湿った土地に惹かれるのではないか。たとえば古代メソポタミアではチグリス・ユーフラテス川の河洲に「神の家」と呼ばれる場所があり、そこでは宗教儀式としての売春がおこなわれていた。あるいは中国古代で「遊女」といえば、まさに川（漢江）べりで遊ぶ女であり、もしくは川の女神という意味もある。

さらにこのラブホテルは、その名をかつては「リバーサイド」といい、現在は「ＬＵＮＡ」と改名されている。「リバーサイド」はいうまでもなく川べり。「ルナ」とはローマ神話で「月の女王」であり、月には人を惑わし狂わせるという意味がある。

ラブホテル「LUNA」

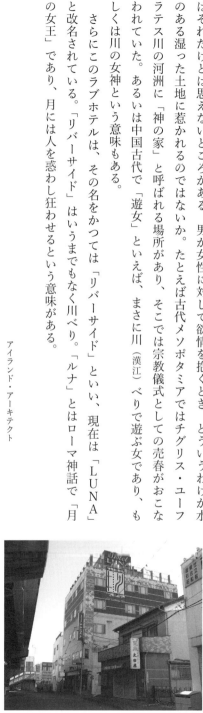

この狭い妙見島には、時には女性の魅力に惑わされ狂わされてみたいと願う男たちの感情が潜んでいる。そんな悩ましい欲望が、実はこの湿った中洲に深く埋め込まれているのだ——そう考えてしまうのはうがった見かただろうか。

このような空想をたぐっていくと、この島にかつて祀られていたという菩薩の存在すら気になってくる。本来は違うのだが、菩薩、如来、観音を、女性の神だと思っている人は多い。深い愛情をたたえる女性を「菩薩」のようだと言ってみたり、美女を「如来」とたとえたり、女性に脚を開かせるのを「観音開き」、さらにいえば女性器そのものを「観音様」と呼んでみたりする。不謹慎だといわれればそのとおりなのだが、男はことセックスに関しては女性を不可思議なもの、神聖なもの、決して手の届かない女神のような存在と考えるところがある。

妙見島には額に汗して働く男たちの、性への渇望が深く埋めて隠されている。そう空想して地図で上空から眺めてみると、この島は実に女性器そのもののかたちをしているではないか。そして妙見島が女性器だとしたら、このホテル「ＬＵＮＡ」は、はからずも陰核の位置にあるのだ。これははたして、ほんとうに偶然なのだろうか？

半島を削り出して島にする——吾妻《あづま》島

海上自衛隊とアメリカ海軍の基地がある横須賀軍港の中に、ひとつの人工島がある。これはもしかすると、国内では唯一という変わった人工島かもしれない。

その島は名を吾妻島（ＭＡＰ㊼）という。

［左ページ］吾妻島の航空写真（国土地理院）

ところで一般的になにかものをつくるとき、型枠をつくりそこへ材料を流し込んでつくり出すという方法がある。たとえば鋳物《いもの》などがそうだ。加熱して溶かした金属を型に流し込み、冷えて固まった後、型から取り出して完成となる。これは人類が金属の使用をはじめた当初から使われた技法だという。

これを人工島にあてはめてみると、外枠をまず形成してから浚渫《しゅんせつ》土や焼却灰、建設廃材などを埋めていく。こうしてできたいわば「埋め立て人工島」というのが、やはりもっとも一般的なつくられかただといえよう。

とすると、この吾妻島という島はまったく違うつくりかたで誕生した。この島にはごみや浚渫土などはいっさい加えられていない。強いていえば「削り出し人工島」とでも呼ぶべきだろうか。

もともと横須賀港は英語の「E」の字を四五度左に傾けたようなかたちをしていた。「E」の上半分が長浦港で下半分が横須賀本港、そして真ん中に引かれた棒線のように箱崎半島が横たわっていた。

そこで明治時代にその半島の付け根の部分を開削して水路（新井掘割《あらいほりわり》水路）をつくり、東西二港を行き来できるようにしたのだ。この結果、半島部が本土から切り離され、島が人工的につくられたというわけである。

その開削の目的は、漁船が箱崎半島を大回りせずに長浦と本港を簡単に行き来できるようにするため、という理由だったといわれるが、はたしてほんとうにそうだったのか？　というのが吾妻島にまつわるミステリーである。

新井掘割水路が完成した明治二二年（一八八九）といえば大日本帝国憲法が発布された年である。帝国海軍の軍旗が日章旗から旭日《きょくじつ》旗に統一され、また徴兵制が改正されるなど、その後明治二七年（一八九四）に勃発する日清戦争の直前であり、砲台が東京湾口や紀淡《きたん》海峡、そして下関に建設され日本が軍国化の道を突き進んでいる真っ最中である。

吾妻島は横須賀軍港の要衝として重要視されていた。それはここが帝国海軍の燃料基地になっていたからだ。可燃物や危険物は万が一事故が起きたときのことを考え、市街地から離した場所に置くという考えかたはいつの時代も同じ。現在でも石油コンビナートなどは、わざと陸側に運河を掘り人工島にすることで、万が一の火災などを食い止めるようにつくられている。

しかし一方で、有事の際には真っ先に狙われる場所として、貯蔵場所は人目につかないよう隠されるように置かれたことはいうまでもない。新井掘割水路で本土から切り離された人工島は、そういうものを置くための格好の島だった。これらの情報は連合軍側に対しては当然のこと、最高機密として一般市民はもちろん、海軍のごく一部の者にしか共有されなかった。

敗戦後、吾妻島は米軍に接収された。以降、在日米海軍横須賀補給センターの管理下で、艦船や航空機の燃料基地として使用され、日米が共同利用する倉庫などが置かれている。

現在、横須賀港では「ＹＯＫＯＳＵＫＡ軍港めぐり」というクルーズ船が毎日運行され、吾妻島の外観を眺めながら港内を見学することができる。これに乗ればアメリカ海軍や海上自衛隊の艦船や潜水艦などを間近で見ることが可能であり、今ではこの軍港で、見られてはいけないような機密はまったくといってよいほど無いように見える。

しかし、ほんとうのところはだれにもわからない。

新井掘割水路

昭和四二年（一九六七）、ときの総理大臣・佐藤栄作が「核兵器を持たず、作らず、持ち込ませず」という非核三原則を打ち出し、以降この取り決めは日米の同盟関係の中でも厳しく遵守されていると信じられていた。

ところが昭和五六年（一九八一）、元駐日大使のエドウィン・ライシャワーが毎日新聞の取材に対し、「日米間の了解の下で、アメリカ海軍の艦船が核兵器を積んだまま日本の基地に寄港していた」と発言。日本国内は騒然となった。その後もライシャワーの特別補佐官を務めたジョージ・パッカードという人物が、ベトナム戦争下の昭和四一年、返還前の沖縄にあった核兵器が岩国基地に持ち込まれたことを証言。そして平成二〇年（二〇〇八）にはＮＨＫの取材で、朝鮮戦争時の昭和二八年（一九五三）、アメリカ海軍の航空母艦「オリスカニー」が核兵器を搭載したまま、この横須賀港に寄港していたことまでがあきらかになった。

先に書いたように、現在の横須賀港は平和そのものである。しかし新井掘割水路を挟んで、吾妻島に隣接する本土側に立ってみるとわかることがある。

吾妻島の眺望がきく海側の場所はすべて海上自衛隊とアメリカ海軍の施設や土地で占められ、一般の人間は立ち入ることができない。また吾妻島の南西部、つまり本土に近いエリアは深い緑に覆われ、その向こうに何があるのかを垣間見ることは不可能になっている。

軍隊は極度に内部統制された組織だから、機密が存在するのは当然のことだろう。また賛否はあるものの、日米安保条約とそれに基づいた両国の同盟関係が、少なくとも日本が七〇年間以上にわたり戦争に荷担せず済んだ、その一端を担ったことは多くの人が認める事実でもある。

ただし、箱崎半島が削り取られ吾妻島が誕生したことで、この地の運命が変わったことだけはたし

米海軍横須賀海軍施設

かだ。本土から切り離され一般の人間の立ち入りを制限され、いくつもの秘密を長年かかえ込んできた人工島。吾妻島はこの先もずっと、沈黙を守り続けていくだろう。

第二章 人工島のつくりかた

02

創出された都市・江戸

プロローグでも記したように、天正一八年（一五九〇）、徳川家康が江戸城へ入城したとき、江戸は見渡すかぎりの葦《よし》が生える荒涼とした湿地帯であった。

もともと縄文時代には、関東平野全体は海だったといわれる。それがのちに海が後退し、利根川、渡良瀬川、荒川が東京湾に流れ込むようになる。するとこんどはその大河三本が運ぶ土砂が平野をかたちづくるようになった。だから江戸湾に面したこの地域は、水はけの悪い湿地だったのだ。そして少しでも雨が降ると川が氾濫するため、人が住むにも作物をつくるにも適さない荒れ地だった。

そこで家康がまずおこなったことは、江戸湾に注ぎ込む大河のひとつ・利根川を、日光街道・栗橋宿（現在の埼玉県久喜《くき》市栗橋）近辺で東へ大きくねじ曲げ、その水を現在の銚子河口、鹿島灘へと流し込むことだった。利根川こそが、江戸の町をも水浸しにしている元凶だったからだ。そうすることによって不毛な湿地帯には米が実り、畑作に適した恵み豊かな大地へ変わっていく。

また、家康が同時に手がけたのが舟運《しゅううん》による経済基盤の確立であり、家臣や町人たちを住まわせる城下町の整備であった。まずは江戸城本丸より呉服橋門（現在の中央区八重洲の呉服橋交差点付近）を経て江戸湊を結ぶ運河「道三堀《どうさんぼり》」が開削される。これは現在、皇居東にある和田倉門から大手町交差点を経由し、東京駅の北側辺りで平川（現・日本橋川）に合流、旧・荒川河口まで続いた。

鉄道などというものが影もかたちもなかった当時、運輸をつかさどるのはなんといっても舟運であり、そのための運河がまずつくられたのだ。家康は織田信長や豊臣秀吉といった天下人を背後からずっと見ていた。彼らが尾張や大坂の経済を制すため、どれだけ舟運を活用したかを嫌というほど知っていたのだ。

そして江戸城周辺に家臣団の屋敷地を配するとともに、道三堀を中心にした下町地区には町人たちを住まわせた。道三堀の先に位置する江戸湊は商港に、本丸のお膝元である日比谷入江は当初軍港として使用していたが、慶長五年（一六〇〇）に関ヶ原の戦いに勝利し、三年後の慶長八年に征夷大将軍となったあとは、神田山（現在の御茶ノ水付近）を切り崩し、いよいよ日比谷入江の埋め立てへと着手する。

ところで家康は、豊臣軍が北条氏を討伐した、いわゆる小田原征伐（一五九〇）への貢献を買われ、北条家の旧領である相模・武蔵・上野《こうずけ》・下野《しもつけ》・上総《かずさ》・下総《しもうさ》・安房《あわ》・常陸《ひたち》の関東八国を譲り受けた。

譲り受けた、と書いたが、これは体のいい左遷である。何度も書くが、なにしろここは年中水浸しで作物も採れず人もまともに住めない湿地帯だったのだ。あるいは、家康は秀吉にとって唯一敗北を喫していた大名だった（「小牧・長久手

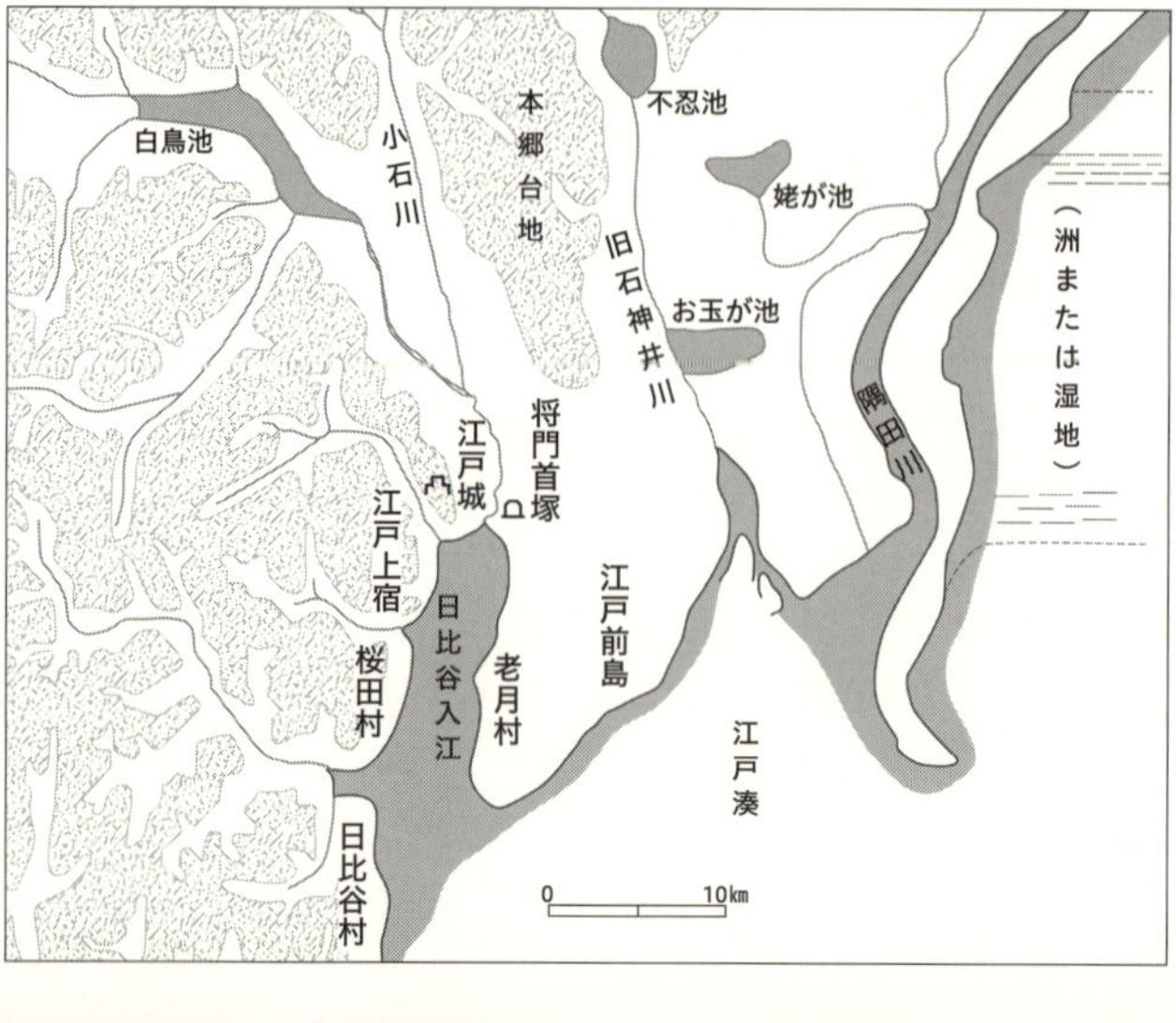

家康入府前の江戸図

の戦い」一五八四)。それがゆえに脅威に感じた秀吉によって、家康は遠く貧しい関東へとまるで「島流し」のごとく追いやられたのだともいえる。

しかし、そう考えれば考えるほどわからないことがある。いったいぜんたいなぜ家康は、そんな貧乏くじのような土地を与えられることを承諾したのだろうか。しかも秀吉はその代償として、それまで家康が所領していた駿河・遠江《とうとうみ》・三河・甲斐・信濃をすべて差し出せという条件まで付けたのだ。

さらにいえばもうひとつ、城もなぜ江戸城だったのか。本来なら討伐した北条氏の本拠地、小田原城に入るべきではなかったか。当時の小田原城は背後に八幡山を配した巨大で勇壮な外郭を持ち、海辺との間には城をコの字型に囲む美しい城下町が形成されていた。

あるいは鎌倉でもよかったはずだ。室町以降は無城の地になってはいたが、なんといってもかつて幕府があった場所。源氏の裔《えい》(子孫)を称する徳川には打ってつけの地であった。それでも家康は関東を選び、太田道灌が築城してから一三〇余年、荒れ放題に荒れはてた江戸城を選んだ。城下といえば大手門の北寄りに貧しい茅葺《かやぶ》きの家が一〇〇軒ほど。城の東は低地で海水が忍び込む葦原で、西南の大地にはススキの原野がどこまでも続き、南側の日比谷入江には、沖合に点々と砂洲が現れていたという。

しかし家臣一同の強い反対を押しきって、家康は関東を、そして江戸を選んだ。

彼は家来たちを前にこう言いきったという。

「関東には未来がある」と。

はたして家康の見た未来とは、いったい何だったのだろう?

ひとついえるのは、家康は戦乱の世がまもなく終わることを確信していたのではないか。だから北条が豊臣軍から防衛のために築いたとされる、小田原城のような無敵の城郭はもう必要なかったのだ。

家康はそれより土地のほうが欲しかった。

作家・門井慶喜による歴史小説『家康、江戸を建てる』（祥伝社）には、こんな場面が描かれている。文禄五年（一五九六）、家康から統一通貨である小判の製作を命じられた後の金座当主・後藤庄三郎は京に上り、その地が金貨大判の乱造によるいわばバブル景気に沸いているさまをまのあたりにする。そのわけを土地の者に問うと、「家臣への恩賞じゃ」と、さも不快そうな答えが戻ってくる。

秀吉はその四年前から朝鮮半島への出兵を進めていた。戦地では勝利が続き、軍功を上げた武将が数々いたが、秀吉には彼らに褒美として与える国をもう日本国内に持っていなかった。与えるべき土地は、それ以前の武将たちにすべて与え尽くされていたのだ。

討伐したとはいえ、未だ敵地である朝鮮の土地を分領するわけにはいかない。天下統一をはたしたゆえのジレンマだった。だから粗悪な金貨大判を大量に生産し、ばら撒いていたのだ。

後藤庄三郎からその報告を受けた家康に、秀吉の行為は愚の骨頂に見えたに違いない。

いつまで土地のぶん取り合戦をしているのだ？　朝鮮を占領し、その後首尾よく明《みん》帝国まで兵を進めたとして、その先はどうするというのだ。日本国の数十倍もある中国大陸をすべて統治するなどはたして可能なのか。

そんなことより家康は、内需を拡大して経済を活性化するべきと考えた。

いや、家康はもっと純粋に、土地というものを創出したかったのではないかと想像したい。田畑がないならつくってしまえ、家臣や町人が住む場所がないならつくりだしてしまえと考えたに違いない。

湿地帯と海苔畑が広がる『南品川鮫洲海岸（名所江戸百景）』
歌川広重（国会図書館蔵）

関東に描いた未来とはこれだった。

そう、家康がやりたかったのは、ゼロからの都市づくりだったのだ。

ごみによって増殖した都市

家康の命を受けた武蔵国藩主・伊奈忠次の手によって利根川の流れを変える大工事がはじまったのが文禄三年（一五九四）。本来南へと曲がっていた本流をぴたりと止めて東西へ流すと、一帯は長大な沼となる。そこから周辺地域に水路がつくられ、網の目のように張り巡らされた。これによってかつて利根川の河口だった江戸は、田が開かれ人が住める土地となった。舟を使った資材の運搬も容易になり、それまで住人たちを悩ませていた洪水も確実に減った。

江戸初期に日本を訪れた数少ない西洋人・エスパーニャ国（現メキシコ共和国）貴族のドン・ロドリゴの記すところによれば、慶長一四年（一六〇九）、もはや江戸の人口は一五万人に膨れあがり、これは京都の約半分に達する数だったという。家康の江戸入城より、わずか二〇年たらずのことである。

つまり江戸とは、徳川家康という人物を頂点として、きわめて意図的に、人工的につくられた、これまでに類を見ないまったく新しい都市だった。

以降、江戸の人口は増加を続ける。

寛永九年（一六三二）の江戸のようすを描いた『武州豊島郡江戸庄図』によれば、低湿地帯の埋め立てと町の建設は完了し、江戸城下町はほぼ一五平方キロメートルの面積に広がっている。

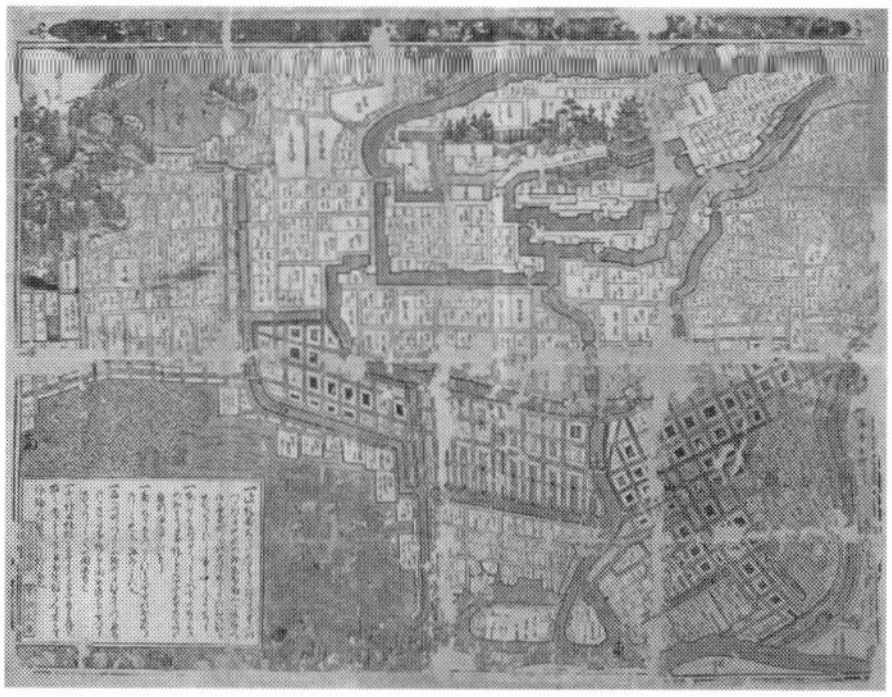

『武州豊島郡江戸庄図』（1632年・国会図書館蔵）

人口は町人だけで二〇万人を超え、徳川家家臣団の武家人口を加えると四〇万人以上の人間が江戸城下にひしめいたとされる。

人口が拡大し人々の暮らしが活発になれば、当然そこからは膨大な廃棄物が吐き出される。家康の死後からわずか二〇年、三代将軍家光の時代になると、江戸にあふれるごみはすでに社会問題となっていた。

慶安元年（一六四八）、家光は町民に対し「（個人の）ごみによる街路補修禁止、下水溝へのごみ投棄禁止、川辺の便所を撤去」を、翌慶安二年（一六四九）「ごみを会所地《かいしょち》へ捨てることを禁止」とする令を発す。しかし増え続けるごみはいかんともしがたく、明暦元年（一六五五）四代将軍家綱の時代、いよいよ江戸市中のごみ処理令が出される。

そのころ、隅田川の下流に運ばれる大量の砂で、永代《えいたい》島と呼ばれる砂洲ができていた。現在の江東区永代付近である。江戸市中のごみを舟に乗せ、運河を経由しその永代島に投棄することが義務づけられたのだ。

さらに五代将軍綱吉の世となった元禄九年（一六九六）には、ごみや浚渫《しゅんせつ》、土砂などを使用した永代島の本格的な埋め立てがはじまる。江戸における本格的な人工島、その第一号であった。以降現代にいたるまで、この都市はあふれ出る廃棄物を中心にして、遠浅の海を埋め立ててきた。

そう、このつくられた町・江戸のありさまは、現代の東京の成り立ちかたと一直線に繋がっている。東京とは人間の意思によって生まれ形成され、彼らの排出するごみによって増殖した都市なのだ。

歌川広重『江戸名所 永代橋佃島』（国会図書館蔵）

中央防波堤という人工島

さて、物語は現代にタイムスリップする。

東京港の入口、つまり本土の海岸からもっとも遠いところに、中央防波堤という人工島がある。この島は現在も埋め立て工事が進んでいて、全体がいつ完成するかは未定だ。

ここは東京から出るごみを清掃工場で焼却するなど中間処理した後の最終処分場でもあり、ごみを主とした埋め立て工事をおこなっている島だ。つまり江戸の世、永代島からはじまったごみによる人工島建設、その最前線ということになる。

ただし、近年になってリサイクル活動の推進やごみの減量に対する意識の高まり、またごみの処理技術が向上したことで、運び込まれるごみの総量が年々減少し、いつここがごみで満杯となり、人工島として完成するかは未定だ。

地図で眺めてみると、この中央防波堤が、本土側に近く埋め立てがすでに完成している「内側埋立地」（MAP⓫）と、運河を挟んで海側、まだ破線が引かれ予定地としての部分の多い「外側埋立地」（MAP⓬）、このふたつの人工島から成り立っていることがわかる。特にグーグル・マップで「地図」を「Google Earth（グーグル・アース）」に切り替える、つまり上空からの航空写真に変えてみると、「内側埋立地」には建設中の「海の森公園」という緑地や「上組東京多目的物流センター」など建物や倉庫らしきものがあるのが見えるのに比べ、「外側埋立地」はそのほとんどが剥き出しの土による造成地（裸地）のような様相を見せ、特に南側は海が枠で仕切られた四角形の状態で、そこでまさに埋め立てが現在進行中であることが実に生々しくわかる。

ところで、どこから見てもこれは人工島のかたちをした「島」なのにもかかわらず、ここが「防波堤」と名付けられているのはどうしてなのだろう？

「防波堤」とは波除けの堤防のことをいう。ならばそもそもここに、波除けをつくらねばならない理由があったわけだが、それは東京湾内のこの海域の特性を知れば理解できる。

東京湾は水深が浅いことで知られているが、実はその浅い海でも、海の事故はむかしから絶えなかった。とりわけ羽田沖は多摩川が流れこむ場所で、増水時の河口付近では船の航行に影響を与える波が立つ難所であり、冬場の季節風が吹くと海上は荒れて危険をともなう海だったという。

横浜が貿易港として開港したのは安政六年（一八五九）。江戸湾口から進入してきた外国船舶が横浜で積み下ろしをすると、江戸の廻船《かいせん》問屋が小型の舟を出し、横浜と江戸の間を行き来して荷物を運んだ。しかし前述したように川崎から多摩川沖は荒れると危険な海なので、座礁したり転覆、沈没という海難事故がたびたび起きていたのだ。この問題を解決するには横浜から江戸まで、小型船が安全に運行できる運河をつくる必要があったが、なかなかその実現にはいたらない。

しかし、東京港が開港した昭和一六年（一九四一）になると、急激に船も大型化し、それに対応して埠頭も大型化していく中で、もはや運河をつくり小船で荷降ろしの対応をおこなうことなどは無意味となった。むしろ東京港に入ってくる有害な波を止めるために、巨大な堤防をつくってしまうほうが合理的になったのだ。

こうして人工島としての中央防波堤が生まれることになった。ゆえにこの場所には堤防が不可欠だったことはまちがいなく、そして計画自体もきわめて合理的だったわけだが、しかしそれ以上にこれが推し進められたのは、大都市東京からかぎりなく排出され続けるごみ、その埋め立て

［右ページ］中央防波堤埋立地の航空写真（国土地理院）
［左］中央防波堤外側埋立地の石碑

処分場の確保という大きな課題との一致があったからだ。

中央防波堤の内側埋立地は昭和四八年（一九七三）から昭和六一年（一九八六）までの一三年間で、約一二三〇万トンの廃棄物により埋め立てられ完了した。また外側埋立地はごみの処分場として昭和五二年（一九七七）から埋め立てが始まり、現在までに約五四五〇万トン（平成二五年末）の廃棄物が運び込まれ、埋め立て工事は今も続いている。

外側埋め立て処分場の広さは一九九ヘクタール、東京ドーム四二個分の広さ。標高三〇メートルのごみの山である。そんな広大なごみ捨て場も、そろそろ許容量の限界を迎えようとしている。

そしてこの外側埋立地にはまだ海面だけの場所がある。先に航空写真で見ると海が枠で囲まれただけの区域と書いたところだ。「新海面処分場」（ＭＡＰ⓭）と呼ばれる場所で、ここでもすでに平成一〇年から埋め立てが開始されていて、将来人工の陸地となる場所である。ただしこの新しい処分場も、このままいくとあと五〇年で満杯になってしまうという。

そしてここがごみで満杯になってしまうと、東京都はもう、湾内のどこにも処分場をつくれないのだという。東京が使える海というのは、荒川の河口から一直線上に引いた線と、多摩川の河口から一直線上に引いた線の中だけにかぎられる。その向こう側は神奈川県、あるいは千葉県の管轄となる。なにより東京湾というのは何万トン級の巨大船舶の通り道なので、これ以上は海面に埋立地をつくることはできないのだ。

五〇年後、東京都はもう東京湾内に埋め立て処分場をつくれない。となると今私たちに与えられたことは、できるだけごみを少なくして、この「新海面処分場」を長く持つようにするしかない。わずか五〇年後の未来、しかしその先、東京のごみのゆくえがどうなるのか、今この時点でははっきりとわかる者はだれもいない。なんとも不確かで、不安だらけの未来だといえないだろうか。

海面に埋立地ができる長い道のり

ところで、埋立地ができるということはあらためてどういうことなのだろう？　それはなにもなかった海面に新たな土地が生まれるということだ。そうなれば新しい土地とともに、「有益」なことも「有害」となることもさまざま生じるということだ。

そこでまず、ここでは埋立地がつくられるにあたっての行政的な流れを見ていこう。

東京湾内、東京港につくる埋立地の場合、その主体は東京都港湾局となる。東京都港湾局とは東京都の執行機関のひとつで、わかりやすいところでいうと、水道局や下水道局、東京消防庁などと並列に置かれる役所である。

ただし戦後の一時期には、公共性の高い東京電力や東京ガスが現在の豊洲に用地をつくる際など、主体としての私企業に埋め立て免許を出すこともあった。また、都が埋め立てを進める造成場所の一部を、企業に売却するという例も過去にはあったそうだ。

しかし本来、海面を埋め立てて新たな土地を生みだすということは国土のかたちを変えることであり、個人や私企業で勝手に進めることはできない。それは首都東京であればなおさらのこと。当然、そこには厳しい国の管理がおよぶことになる。

ゆえに埋め立てをおこなうために必要なものは、厳密にいうと「許可」ではなく「免許」ということになる。そこで各都道府県はこの「埋め立て免許」を国（国土交通省）から取得しなければならない。

そして免許を取得するとなると、さまざまなことがチェックされる。

埋立地をつくる目的、用途、造成方法、工期などなど。これらの計画の原案を、東京都の場合であればまず港湾局がつくることからはじまる。この段階で環境アセスメントなど、埋め立てが地域におよぼす影響などのシミュレーションも各種おこなわれ、関係団体や関係省庁とも意見を交換しつつ盛り込み、最終的に、計画を都の港湾審議会にはかって決定が下される。

そしてこの計画書が国土交通省に提出され、晴れて認可となり港湾局が埋め立て免許を取得したところで、はじめて埋め立て工事にとりかかることになる。

さて、工事が終了して無事完成したとする。埋立地が目の前に完成したのだから、我々は今日からでも土地として使えるものと思ってしまうが、現実的には埋め立て直後の土地はまだ完全に地盤が固まらない状態のことが多く、しばらくは放置したまま、土地が安定するまで自然にまかされることとなる。

ここで興味深いのは、埋立地ができているにもかかわらず、この土地は行政的にいうとまだ海面なのだ。新しい埋立地が国土とみなされるためには、都知事による竣工の認可、つまり「埋立地が完成しましたよ」というお墨付きが必要で、それまでは公的には海のままなのである。

さて都知事の認可が下りると、東京都が「埋め立て権者」となり、その後、隣接する区に編入される。たとえば現在進行形で造成中の中央防波堤については、江東区と大田区とのまさに中間位置にあり、その編入をめぐっては、竣工を待たず両区の主張が拮抗することはまちがいない。有効利用できる新たな土地が生まれるのだから、編入のゆくえに関しては各区にはそれぞれ主張があり、争いごとになることもじゅうぶん予想される。

［右ページ上］中央防波堤外側埋立地のカラス
［右ページ下］中央防波堤の埋め立て風景
［左］中防大橋と外側埋立地

ちなみに、中央防波堤内側埋立地にはすでに道路があって建物もあり、歩道も信号機も自販機もあるにもかかわらず、どの区にも帰属しておらず、番地もまだない。つまり全体がまだ竣工していない現実を示しているのだ。

しかしここには埋め立て作業にかかわる諸機関があり、資材の搬送や郵便物の配達なども当然されるため、番地がないとさまざまな支障がでる。そこで内側埋立地には現在暫定的に、「江東区青海《あおみ》三丁目地先《ちさき》」という住所が与えられている。「地先」とは、「その先」とか「そこの近く」という意味である。

埋め立て工事の全貌

埋め立て、その具体的な方法は三通りある。現在主流となっているのは「サンドイッチ工法」といい、ごみの高さが約三メートルになると約五〇センチの土で覆い、それを交互におこない重ねながら埋め立てる方法だ。二番目は「セル工法」といって、一日分のごみをその日に土で覆いながら埋め立てを進めるもので、悪臭を出しやすいものや飛散しやすいものを埋め立てるときにおこなう。そしてもうひとつ、最近ではあまりおこなわれなくなった「ポンド工法」という方法がある。

これは処分場と外海を護岸により完全に遮断した上で、内側にポンド（池）状の区画をいくつか造成したあと、ごみをその池に投入しながら封じ込めて埋め立てるという方法で、汚泥、煤塵《ばいじん》（物が燃えた際に発生・飛散する微細な物質）など埋め立てに不向きな廃棄物を封じ込め、水質汚濁を最小限に押さえ込むという工法だ。ただ、近年はごみの焼却技術が向上したため、埋め立てという最終処分の前におおかたの有害物質は取り除かれるため、この方法はほとんど使われなくなった。現在、中央防波堤外側でおこなわれる埋め立て方法もサンドイッチ工法とセル工法である。

さて、埋め立てをはじめるにあたって、廃棄物を運び込む前にやらなければいけないもっとも重要な行程がある。それはサンドイッチ工法であれセル工法であれ、ポンド工法同様、頑丈な護岸づくりである。

ただ単に海面に廃棄物を投入していくだけでは陸地はできない。埋め立てをはじめる前には、まず外枠となる強固な護岸をつくることが先決となる。これがしっかりとしていなければ埋立地、つまり人工島はつくり出せないということである。

護岸をつくるにあたってまずおこなわれるのが、フェンスづくりである。なんと全長五〇メートルにもおよぶ鋼管を立てて、すきまなく一列に海底深く埋め込んでいき、護岸の外枠にあたるフェンスをつくるのだ。これによって埋立地となる場所と海が仕切られることになる。

鋼管の上部は約九メートルの高さで海面上に出す。これはビルの三階ほどの高さに相当し、埋め立て処分場となったときはごみが海面に飛散するのを防ぐ囲いとなる。東京湾の水深は浅いので、海中に打ち込む鉄管の深度は、深くて一五メートル。つまり海面上の九メートルと海中の一五メートルを引くと、鋼管は約二六メートルの深さで海底にしっかりと埋め込まれるわけだ。

しかしこれはまだ護岸づくりの第一歩である。次に、でき上がったフェンスの二〇メートル内側に、止水や土留めとして鋼《こう》矢《や》板《いた》（凹凸のハガネでできた矢板）という頑丈な板を、外側のフェンスと同様に打ち込んで島状に囲む。こうして二重のフェンスをつくり、その間に砂などを詰めて埋めることにより、護岸は一応の完成をみる。

このようにたくさんの資材を使い、何重にも行程を重ねて頑丈な護岸をつくっておく理由は、実際に埋め立てが進んでくると、堆積するごみ層の圧力が強大なものになるからだ。ごみや土砂が海に流れ出す決壊は、万が一にも起きてはならない。

先に中央防波堤外側埋め立て処分場は、標高三〇メートルのごみの山であると書いた。そしてその先の「新海面処分場」もあと五〇年で満杯になってしまうと。ならばごみの山をもっと高く、五〇メートル、一〇〇メートルとすればいいのではないか、と考える人もいる。かつてごみの山の高さが標高三〇メートルで限界なのは、羽田空港が近くにあるので高さ制限がかかっているからであるという説がまことしやかに語られたそうだが、実のところそれは都市伝説に過ぎず、その高さ以上にすると護岸が埋め立てた山の圧力に耐えることができない、というのが実際のところのようだ。

平成一〇年から埋め立てが開始された「新海面処分場」は、ケーソン式外周護岸という新しい工法でつくられている。それまでと違う点は、フェンス外側に鋼管ではなく、護岸本体に「ケーソン」という砂や鋼滓《こうさい》（製鋼スラグ）を詰めたコンクリートの箱（鋼の箱もある）を使うことだ。これによって鋼管を打ち込む時間やコストの大幅な圧縮がはかられている。このように埋め立て方法も護岸の方式も年を経てどんどん進化しているが、それでも護岸づくりには莫大な金がかかる。「新海面処分場」の護岸は、わずか一メートルつくるためにおよそ三〇〇〇万円かかるというから驚く。

埋立地ができた

このように長い工期と膨大な予算をもって埋立地は完成する。ごみや廃材、残土などが大量に運び

［右ページ］東京ゲートブリッジと都市

込まれて埋め立てられた土地にきれいに土がかぶせられると、竣工したてのときにはふかふかの畑のようにも見える。

やがてどこからか植物の種子が飛んできて土の上に落ち、雑草となってその大地を覆いはじめる。雨が降り、太陽光が降り注ぎ、そして地中では埋め立てられた廃棄物がしだいに分解されはじめ、すると地面は圧縮されて沈んでいくのだ。

たとえば埋め立ての高さが一〇メートルだった場合、完成直後の埋立地は一年間に約四〇センチ沈下するといわれる。そして沈下量は年々減少していき、年間一センチ以下になると安定化状態に入ったと判断する。だから造成時にはあらかじめその沈下量をある程度見込んで埋め立てがなされるのだ。

江戸時代には新しい埋立地ができあがると、そこに芝居小屋が建てられたりさまざまな興業がおこなわれたという。それには単に広い場所ができて使い勝手がいいからという理由だけではなく、人々を集めることによって埋立地の地盤を踏み固めようというもくろみがあったようだ。

これは埋立地だけにかぎらず、河川の護岸にも使われた。たとえば隅田川をはじめ東京の川辺には桜の名所が多いが、これらは江戸時代の河川工事の際に植えられたものがその発祥となっている。

本章冒頭に記したように江戸は初期、河川の氾濫被害の絶えない地であった。そこで町をつくり、人が住むためには、屈強な護岸にする工事が必要であり、その際にはかならず桜が植えられた。それは桜の根で地盤が補強されるだけでなく、多くの花見客が訪れて地面を踏み固め、堤をさらに頑丈にするためだった。

さらに、漫画家で江戸風俗研究家の杉浦日向子によれば、かつて江戸では埋立地をつくるとまずは桜を植え、次に遊郭が建てられたそうだ。すると男たちは美しい花に惹かれる蝶のごとく、欲望のままその地に押し寄せる。ところがそうやって埋立地が踏み固められ安定すると、幕府は遊郭を取り潰してしまうのだ。そしてみごとな桜並木だけが残った。なんとも粋な話である。

江戸時代、霊岸島《れいがん》（MAP㉑）と呼ばれた人工島があった。地名は残っていないがもちろん今もその場所はある。月島の北側、隅田川、日本橋川、亀島川に囲まれたひし形の島で、現在の住所は中央区新川。杉浦日向子は著書『お江戸風流さんぽ道』（世界文化社）でこのように書いている。

〈今も残る霊岸島は、江戸後期に埋め立てられた島ですが、当時は蒟蒻のようにふにゃふにゃな土地で、通称こんにゃく島と呼ばれていました。この地も、埋め立てられたあと桜を植え、遊郭を作り、江戸っ子たちの足によって堅固になった島なのです。〉

こんにゃく島——これもまた、なんとも江戸っ子らしい粋なネーミングではないか。つまり埋立地というのはぶかぶかと浮いた不安定な土地で、すぐには使えない場所だった。しっかりと固めて土地を安定させてから建物などを建てるようにしないと、建てたはいいがすぐに家が傾いてしまう。江戸の人々は、それを経験則として知っていたのだ。

メタンガスとしびれ水

中央防波堤外側埋立地は、小高い丘陵が続く土地だ。先に記したように、高さ三〇メートルのごみで埋め立てられた丘である。そこには人の背丈を超える高さの鋼管がいたるところに刺さっているのが目につく。これは埋め立てた地中の廃棄物から発生するメタンガスを排出させるパイプである。

かつてごみの島として悪名高かった昭和四〇年代の夢の島では、ごみを捨てて山積みにしていた結果、ごみから出たメタンガスが自然発火して火事となり、何日間も燃え続けるという事態が何度も起こった。以降、埋立地ではあらかじめガス抜きのパイプを打ち込んで常にガスを放出状態にし、発火の危険性を抑制することが心がけられるようになった。

そして現在もっとも新しい方法としては、埋立地の地中の廃棄物から発生するガスをただ放出するだけでなく、採集して溜《た》め、それをガスタービンで燃やして発電、つまり廃物利用で電気をつくることもおこなわれている。

もうひとつ埋立地を管理する中で重要なのが「浸出水」の処理だ。浸出水とは、簡単にいうと埋め立てたごみの中を通ってしみ出してくる雨水のことである。

埋め立て処理場にかかわる人でこれを「しびれ水」と呼ぶ人もいる。だれに聞いてもその語源は定かではないのだが、なんとも毒々しい茶褐色の水で、どう考えてもこのまま海に流してしまってよいものでないことは一目瞭然だ。

高さ三〇メートル、なだらかな丘陵地を思わせる中央防波堤外側埋立地。その丘の中を通ってしみ出した浸出水は、外周道路の脇にある集水地にひとまずためられる。処分場内にこのような集水池が一三か所ある。水の温度は四〇度と高く、特に冬になると湯気がもうもうと沸き上がっているのが見える。浸出水は廃棄物が分解されときに発生する熱の中を通っているため高温になるのだ。

このような有害な水が、いつなんどき大雨が降って東京湾に、あるいは付近に流れ出てしまっては大変なことになる。そこで浸出水は常に浄化されている。埋め立て処分場の中にはそうした汚水を処

［左ページ上］ガス抜きのパイプ
［左ページ下］しびれ水

理する排水処分場が設けられ、そこで下水処理場と同じように、微生物や薬品などを使って本格的にきれいな水にしている。そして基本的には中央防波堤内の埋立地から飛散する煤塵などに散水し飛散防止に利用したり、埋立地に乗り入れるトラックの洗車に使ったりしているのだが、すべては使い切れず、余ったぶんは江東区砂町にある水再生センターに送ってさらに本格的に浄化にしてから東京湾に流している。

この処分場における水処理が、実は埋立地づくりの中でもっとも大変なことで、現在使われている中央防波堤外側埋め立て処分場、その一年間でかかる総経費のうち半分近くの予算がこれで飛んでしまうという。その額、年間およそ二五億円だ。

第三章

人工島の地霊と伝説

03

地霊が宿る埋立地

地霊とは、大地に棲む精霊のことをいう。

土地に宿り、その土地を所有したりその豊穣を司《つかさど》ったり、また、そこに住む人や物を守護したりすると信じられている。

地霊に対する信仰はさまざまなかたちで世界中のどこでも見られるが、日本では特に神道とのかかわりで語られることが多い。日本人は古来、山や海、川といった豊かな自然の中に神が棲まうと考えられてきた。地霊もまた、そんな信仰とともに各土地に宿るようになった。

山口県下関市沖の日本海に、蓋井島《ふたおいじま》という難しい名前の島がある。島民はわずか九〇人たらず。吉見漁港から市営渡船で三五分、日に二往復か三往復されるのみという離島である。

この島では六年に一度、「山の神神事」と呼ばれる儀式がおこなわれている。島内にある四か所の小さな山に棲む神様たちを、それぞれ四軒の家に招いて三日間を過ごす。その間は人と神がともに食事をとり、最終日に山へとお帰りいただく「神送り」で完結する。民俗学的にもきわめて珍しい行事といわれる。

これは起源がはっきりとわからないほど古くから伝わる神事なので、古式にのっとり太古のままのかたちで執りおこなわれる。地方の離島では、ほかにもこのように何百年という歴史の中で受け継がれる地霊への祭事が、今も数多く残されている。

このような地霊を敬う行為は、現代の東京ではもうなくなってしまっただろうと思う人も多いだろうが、地鎮祭というかたちで連綿と残されている。

たとえばそれまであった建物を取り壊し新しいものを建設する場合、一旦更地にした敷地の四隅に青竹を立て、神主を呼んで祝詞《のりと》をあげてもらったりする。これは土地の神にその場所を使うことの許しを請うという意味のお祓いであり、同時に工事の無事を祈る儀式であるとされる。

これは人工島という、いわば無からつくられた土地であっても同様である。新たに生まれた埋立地の地盤がやがて安定し、そこに初めてビルなどが建つ場合でも、やはり地鎮祭は執りおこなわれる。さらにいえば人工島をつくる、その埋め立て工事に際しても、人々は長年土地の神を敬うという想いを持ち続けてきた。

そもそも東京の人工島の歴史は、江戸湾の深奥部、深川あたりからはじまるわけだが、なにしろ時代は江戸初期。強力な重機などがあるはずもなく、土木の方法もまだ稚拙であったため、海や河川を埋め立て頑丈な土地をつくるというのは、大変な労力と困難をともなう大事業であった。

浅瀬の深川沖は海が波立つとやっかいで、つくりかけている埋立地は、常に波に壊され海に浸食されてしまう危険と隣り合わせの場所であった。

蓋井島の「山の神」の森

そこで江戸の人々が考えたのが、やはり「神頼み」であった。海ぎわに小さな祠《ほこら》を建てたり、埋立地の基礎ができると、まだ全体が完成する前から、波除《なみよけ》神社と呼ばれる津波や高潮の害から土地を守る神様を勧請《かんじょう》するなどして、埋立地を完成に導いてもらったようだ。

ただし地霊とは、いわゆる産土神《うぶすながみ》、あるいは鎮守様といった大地の守護神とはまた違ったものだという考え方もある。それは大地を削り山を崩し、村、町、そして都市というものがつくられていく中で、姿かたちなく常に漂い、人間たちを見つめ続ける精気のごとき存在だと。

建築史家の鈴木博之は、地霊とはラテン語の「ゲニウス・ロキ（Genius Loci）」の訳語であり、「土地から引き出される霊感、土地に結びついた連想性、あるいは土地が持つ可能性といった概念である」としている（『東京の地霊』ちくま学芸文庫より）。

たとえば私たちは歴史ある静かな神社の境内などに足を踏み入れると、生い茂る大樹に見守られ、わけもなく清廉な気持ちになったり安心したり、心が浄化されたように感じたりする。けれど逆に郊外の森などを散策する途中、不意に朽《く》ちはてた山寺などに迷い込んでしまうと、理由もなく不安になったり恐怖を感じたり、背中が寒くなるような想いにとらわれてしまう。これこそまさに土地から引き出される霊感、連想性なのではなかろうか。

これは都市空間においても同様だ。なにげなく足を踏み入れた街並みに意味もなく安らぎを感じ、そこに住む人々の暮らしぶりに自分まで幸せな気持ちになることあれば、不意に迷い込んだ路地にいいようのない嫌な感じや不気味さを味わい、なにげなく振り返るとそこには崩れかけた祠があったり、地蔵の顔が無残に割れて落ちていたりする。そんな経験が、あなたにもありはしないだろうか？

つまり地霊とは、はてしない年月の中で大地とともにそこに漂い、ものいわぬまま我々人間の背中

地鎮祭

をじっと見つめ続けている存在のことなのかもしれない。

こういうことを語ると、気のせい、合理的でないという人がいる。しかし、この「気のせい」「合理性を欠く」が、実は大きな落とし穴となる。

一八世紀ドイツの哲学者ヘーゲルは、「人間」とはまず自己意識を持つ存在であり、同じく自己意識を持つ「他者」との闘争によって絶対値や自由や社会を獲得していく存在だ、とした。いわゆる西洋合理主義のひとつだが、ここには自然という概念が大きく欠落している。

おそらくこれには、一神教的な背景が影響していると考えられる。特にキリスト教では人間は神の似姿につくられた特別な存在であって、万物に対して優位に立ってしかるべきという発想が根本に宿っている。

ところが日本、そして日本人は違う。先に挙げた神道の思想に代表されるように、私たちは山、川、大地、道ばたの石ころにまで神が宿ると考える。ゆえに自然というものを人間の勝手な都合によってつくり替えてしまうには大いなる畏れを感じるのだ。だから江戸初期の河川事業や戦後からさらに活発になった人工島造成のように、近代化に向かってやむを得ずそれを推し進めてしまったとき、そこには危惧と恐怖が残る。はたしてこれでいいのだろうか、と。

だから合理主義によってそれらを解決したと思っていても、恐怖と不安はほんとうのところなくなりはしない。ジークムント・フロイトはそれを「抑圧」と呼んだ。危惧や心配は無理やり無意識下に押し込んだとしても、それは別のかたちで、「ヒステリー」という症状によってどこか別の場所から顔を出す。

洲崎弁天

土地に対する不安や恐怖というものは、いくら地中深く埋めたと思っても、死に絶えることはない。いつのまにか地面から湧き出し、地霊となって漂い、あなたの背中にそっとささやくのだ。

たしかに近代化や高度経済成長によって、この国は多大な幸福を享受した。けれど同時に、救いようのない悲劇を生んだ歴史を知っている。いや、たとえ私たちが忘れてしまったとしても、その記憶は無意識下で連綿と生き続ける。これが地霊だ。

地霊は、大地の奥深く永遠に息をひそめて生き続ける。そしてなにかの拍子に「噂」や「都市伝説」としてよみがえり、私たちの地盤を揺さぶるのだ。

ごみ埋立地の地霊

「川向こう」とは中央区側から隅田川を挟んで向こう側、つまり深川（江東区）を指していう呼び名だ。

江戸に幕府が置かれたころ、川向こうは隅田川の川砂と江戸湾の海辺がつくり出した、葦《よし》の茂る広大な湿地帯だった。大河の隅田川が運ぶ川砂は大変な量で、そんな湿地の中にやがて大きな砂洲ができはじめた。そしていつのころからかその砂洲は、永代《えいたい》島と呼ばれるようになっていた。

寛永元年（一六二四）、まだ不安定だった砂洲・永代島を、本格的に埋め立てて人の住める土地にしようとする人物が現れる。長盛法印《ながもりほういん》という男である。

長盛はもともと京都の僧侶であり、菅原道真《すがわらのみちざね》の末裔であったという。そしてある夜夢でお告

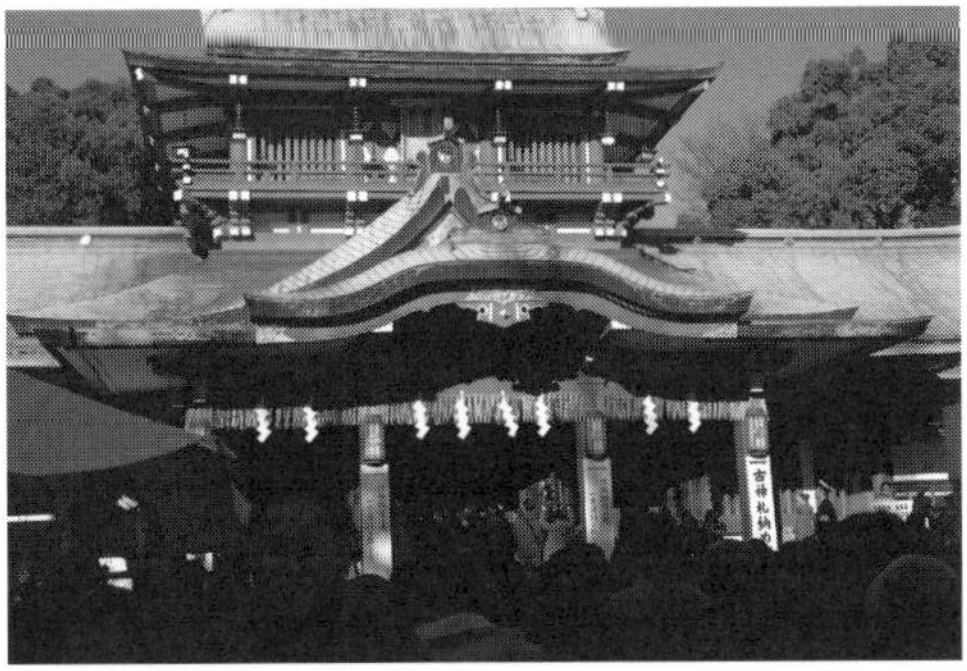

深川の富岡八幡宮

げを受け、道真が彫ったとされる八幡様の神像を、江戸のしかるべき場所に安置するためわざわざ関東へ下ったというのだ。

ちなみに八幡様の神像とは、一般的には「僧形《そうぎょう》八幡神像」といい、平安の世、つまり菅原道真の時代に盛んだった神仏習合の思想により、八幡神が剃髪《ていはつ》し、袈裟を着け、手に錫杖《しゃくじょう》を持ち蓮華座《れんげざ》にすわる僧の姿をかたちづくったものだ。つまり僧である長盛法印は神仏習合のため、神社を建設するため関東をめざしたのだ。（鎌倉時代以降は、武運の神として、武将風にかたちづくられることもあった）

そうやって江戸中を歩きまわった長盛は、当時人のほとんど住んでいなかった深川、永代島の一角に小さな祠を見つける。なぜ彼がそこを八幡様を祀《まつ》るにふさわしい場所と思ったのかはわからない。ともかく長盛はここに神社をつくるため、その広大な湿地をみずからの手で埋め立てはじめるのである。

そして三年の月日が費やされた寛永四年（一六二七）、周囲の埋め立てと社殿の建築が終わる。これが現在の江東区富岡、東京メトロ東西線・門前仲町《もんぜんなかちょう》前にある富岡八幡宮である。その当時神社ができるということは、その地域に画期的なランドマークが生まれるということだ。寂しい漁村に過ぎなかった深川は、明暦の大火（明暦三年・一六五七）ののち開発が一気に進んだこともあり、木場や問屋の集中する江戸城下でももっとも有力な町のひとつに成長することになる。

それにしても、たったひとりの男が夢のお告げをもとに人工島をつくり神社を建設する——まるで菊池寛の『恩讐の彼方に』か、一九世紀後半のフランスで郵便配達夫シュヴァルがたったひとりで三三年間石を積み上げ宮殿を建設した、「シュヴァルの理想宮」のごとき逸話である。

ところがこの富岡八幡宮創建に関しては、まったく違う説が存在する。前節で書いたように浅い江戸湾、河口の砂洲であっても、風が強く吹いたり台風が来ときには波の力で護岸の堤防は決壊し、せっかく埋め立てた土地が跡かたもなくなるというのが当時の埋め立ての現実であった。

そこでどこかから神様においで願って、埋め立ての成就と事業に従事する人夫たちの士気を奮い立たせようと考えた者がいても、少しの不思議もない。

横浜にも富岡八幡宮という神社がある。住所も横浜市金沢区の富岡という町だ。深川の富岡八幡宮のほうが今では有名だが、実はこちらのほうが古くから存在する。

建久年間（一一九〇～一一九八）のいつか、というから相当に古い。ときの征夷大将軍・源頼朝が、摂津国難波の商売と海の神様である蛭子《ひるこ》神を分霊して開いたとされる。その後頼朝は、祖先の源頼義《よりよし》が鎌倉に鶴岡八幡宮を開き、また久良岐郡《くらきぐん》（現在の横浜市港南区・磯子区付近）に杉田八幡宮を開いたその故事に習い、富岡の蛭子神に八幡神を合祀《ごうし》し、富岡八幡宮が生まれた。

そしてなにより重要なことは、応長元年（一三一一）に起きた応長の大津波によってこの地域は甚大な被害を被ったが、その際も富岡八幡宮の裏手にある集落一帯は、八幡宮が楯となる格好で波をかわし難をまぬがれたといわれる。そして以降、ここは「波除八幡」の別名をもって崇《あが》められることとなったのだ。

そうしたことを伝え聞いていた深川の永代島は、横浜の富岡八幡宮から分霊し、波除けの神様として招いた。その御利益か工事は無事に進み、埋め立てを完遂すること

［右ページ右］僧形八幡神
［右ページ左］『江都名所 深川富岡八幡』歌川広重（国会図書館蔵）
［左］深川・富岡八幡宮の参拝客

ができたことから、深川一帯の氏神様として崇《あが》めその後、富岡八幡宮としたのである。

その後永代島の富岡八幡宮は「深川の八幡様」として徳川将軍家にも加護され、深川は江戸の門前町として華々しく発展することになる。

そうした中で第二章でも記したように明暦元年（一六五五）四代将軍・徳川家綱は永代島一帯を江戸のごみ捨て場として決め、そこから新たな土地づくりの埋め立てがはじまっていった。

富岡八幡宮を中心に永代島一帯の埋め立てが完成すると、次はその東側のおよそ一五万坪が埋め立てられ、そこは貯木場《ちょぼくじょう》として現在にも続く木場《きば》一帯となった。その後、千石・千田の一〇万坪、東陽の六万坪、越中《えっちゅう》島という順に、現在の江東区一帯が埋め立てられ新たな土地として生まれた。

やがて富岡八幡宮では　例大祭がおこなわれるようになり、特に三年に一度の本祭りでは華やかな神輿行列が江戸っ子たちの人気を集めることになる。文化四年（一八〇七）の本祭りにおいては、神輿行列を見に集まった群衆の重みで永代橋が落ちるという事故すら起きた。

しかし結局のところ、はたして富岡八幡宮は長盛法印が京より持ちいでた菅原道真の「八幡神像」を縁起とするのか、横浜の富岡八幡宮より分霊されたのか、今となってはどちらが真実なのかはわからない。合理的に考えれば正しいのは後者であろう。しかし、長盛による道真の「八幡神像」説が消えないのにも、かならずなにか意味があるはずだ。

それはおそらく、人工島ができる、無から新たな土地が生まれ発展を遂げるというのが、当時の人々にとって大いなるマジックであったからだ。そこには夢のお告げや神様がみずから居場所を探し

深川・富岡付近で

たという伝説が必要となる。あるいは、永代島に彷徨う地霊がそのように伝えよと、私たちにささやくのかもしれないが。

牛頭《ごず》天王《てんのう》伝説の洲——天王洲アイル

天王洲アイル（MAP㊹）という一風変わった名前の駅がある。

東京モノレール羽田空港線と東京臨海高速鉄道りんかい線というふたつのアクセスがある便利なこの地域は、京浜運河と高浜運河に挟まれた場所に位置する。お台場などがある臨海副都心や羽田空港への交通路にあたる駅があるほか、運河や東京湾をめぐるクルーズの発着地としても知られている。

「アイル」とは「アイランド」の略で「島」を意味する言葉であり、よってここは「天王洲島」という人工島である。

江戸時代、天王洲は海の中からほんの少し顔を出しているだけの名もない洲だった。

現在の品川市街地付近が埋め立てられていなかったころは、東海道線や山手線の東側はすべて海だった。湾は川から流れ込む土砂などが堆積して沿岸部全体は浅く、浜辺に立つとところどころに浅瀬や砂洲が見えたはずだ。のちに天王洲と呼ばれるようになった洲もそのひとつであり、ここを囲む一帯は品川浦の漁師たちの格好の漁場であった。

そんな天王洲の名の由来は、宝暦元年（一七五一）にまでさかのぼる。あるとき品川浦にあったその名前のない洲の横を通りかかった小船の漁師が、水ぎわに流れ着いている巨大で奇妙なお

天王洲アイルのオフィス街

面を拾い上げる。よく見るとそれは牛頭天王の面、いわゆる御神面であった。

現在京都八坂神社の祭神として知られる牛頭天王は、仏教では釈迦が説法をおこなった場所といわれる祇園精舎の守り神であり、神仏習合の時代はスサノオノミコトの本地《ほんじ》（本来の姿）とされた。日本では古来、災難・疫病・水難除けなどの守護神として崇《あが》められてきた。

そんなありがたい御神面が流れ着いたのだ。当然、品川浦の漁師町は大騒ぎとなった。そしてこの洲の周辺は神域として崇められるようになり、牛頭天王の名にちなんで天王洲と名付けられ、さらに周辺一帯の海は禁漁区と定められた。

日本の島や海辺には、海から流れ着くものを神（渡来神、漂着神）として崇めるという信仰がある。とりわけ南の島々には海からやって来る神が福をもたらすと信じられることが多く、たとえば沖縄の宮古島に伝わる厄除け行事「パーントゥ」では、海岸に漂着した三つの御神面を、渡来神として守る家があり、一年に一度その面をつけた神が島内に現れ、島の人々に泥をつけてまわるという行事がおこなわれる。

渡来神「パーントゥ」に扮するのは島内で選ばれた若者三人。これが仮面をつけ蔓草《つるくさ》のシイノキカズラをまとい全身を泥で真っ黒に塗りたくり、その姿はまるで水木しげるの劇画に登場する妖怪のようで、そんな迫力ある神様がだれかれかまわず人の顔や洋服に泥を塗りつけてまわるのだから、その光景は壮観でもありユーモラスでもある。

なぜこのような神事がおこなわれるのかといえば、人それぞれの思惑や利害関係があってなかなかまとまりにくいシマ（島・地域・縄張り）を平定する、つまり人間関係を良好に保つため、渡来神とい

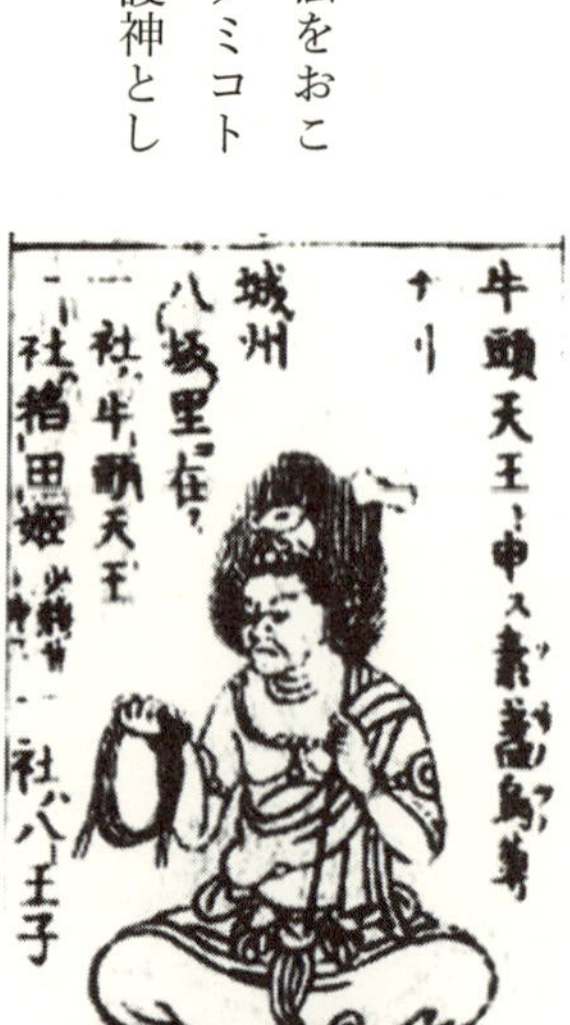

牛頭天王

う外からやってきた神様を置いたのではないか。人は超越した存在を前にしたとき、おのずとエゴを忘れる。私たちが神社仏閣に足を踏み入れたとき清々しい気持ちになったり、仏像をまのあたりにしてわけもなく心が穏やかになったりするのはそのためだ。

民俗学者で国文学者でもあった折口信夫は、これら外界・異界からやってきた者を「まれびと（来訪神）」として崇め、宿舎や食事を提供して歓待する風習は各地で普遍的にみられるとした。もともと古代日本では、海の彼方には「常世の国」と呼ばれる異世界があると考えられ、信仰の対象であった。

太古の人々にとって外界、「常世《とこよ》の国」とは死霊の住み賜う国であり、そこには生きている者を悪霊から護ってくれる祖先が住むと考えたのだ。ゆえに住人たちは祖霊は常に外から現れ出て、自分たちを祝福してくれるという信仰を持つに至った。その来臨が稀であったので「まれびと」と呼んだのだ。これはおそらく、日本が四方を海に囲まれた島国であったがゆえに生まれた発想だろう。

現代においても夏、お盆になると私たちは迎え火を焚いて祖先を迎え現世の安寧を願ったりするが、これもまた「まれびと」信仰の末にあるものだ。そもそも折口信夫は「まれびと」の発想を大正末期、沖縄へのフィールドワークをもとに得たとされる。その意味で宮古島の「パーントゥ」には、渡来神への信仰が起こる原始のようすがよく現れている。

そう考えていくと天王洲に流れ着いたのが、はたして牛頭天王の御神面だったのか、実のところはわからない。あるいはどこか別の、もっと南方のジャワやスマトラ、ニューギニアといった島からの漂着物であった可能性もある。

宮古島のパーントゥ

けれどなにより大切なのは、品川浦の漁師たちがそれを崇め丁重にもてなし、自分たちの土地の神と定めたということだ。ゆえに天王洲は神域となり、魚を捕ることが禁じられたため、名もない砂洲は人工島となり現在の姿へと発展していく。つまり私たち日本人が土地をつくるには、やはり人知を超えた神々しい存在が必要なのではないだろうか。

かつて海の中にあった天王洲は「天王洲アイル」という島になり、その外周部はすべてコンクリートでかためられ、インテリジェントビルと高層住宅が林立する近未来的都市空間となった。特に大規模な開発が完了した一九九〇年代前半はウォーターフロントの象徴的存在であり、東京におけるいささかバブリーな最先端のデートスポットでもあった。近年はお台場など他のエリアにその地位を譲ったものの、京浜運河沿いに続くボードウォークや天王洲運河をまたぐ天王洲ふれあい橋など、お洒落で都会的な人々の集う地域であることに変わりはない。そしてどこを探しても、名もない「洲」だったころの面影を見つけ出すことはできない。

しかし、唯一その歴史の流れを残すものとして、牛頭天王にちなむ荏原《えばら》神社天王祭が今日に受け継がれている。毎年六月におこなわれるこの祭では、牛頭天王の御神面が掲げられた神輿が担ぎ手の男たちにとともに海を渡る、「海中《かいちゅう》渡《と》御《ぎょ》」をおこなう勇壮な祭として知られている。

品川神社境内から天王洲方向遠望

祭とは神とその土地の人々が出会うまさに「まれ」な時間である。茌原神社の天王祭が今も続いているということは、この地を「洲」から人工島へと変え給うた神が、今も鎮座し見守っている証に違いない。

さまよう土地神――羽田島

東京の空の玄関といわれる羽田空港は、空港である前にまず、人工島「羽田島」（MAP ⑳）と呼ぶほうが正しいはずだ。なぜならここはかつてすべてが海だった場所であり、ある一角から人力でこつこつと埋め立てられたことがはじまりとなり、その後土地づくりがおこなわれてでき上がった島だからだ。

そのこつこつと人の手でおこなわれたことは、干拓である。「干拓」とは遠浅の海や干潟などの沖を仕切り、その場の水を抜き取ったり干上《ひあ》がらせるなどして陸地にする方法だ。つまり「羽田島」の成り立ちはこれまで本書で見てきた、水域に土砂や廃棄物等を投入して土地を造成する「埋め立て」とは異なる。

そして江戸時代後期には海だったこの地域の干拓について紐解くことが、じつは羽田空港があるこの羽田島のことを知ることにつながり、またもうひとつ、羽田島が歴史の中で翻弄《ほんろう》されながら今日までたどった事実と、日本独特の信仰に支持される場所という特徴をもつこともわかってくるはずだ。

羽田は多摩川が東京湾に流れ込む河口にあり、付近は羽田浦と呼ばれる海だった。川が

穴守稲荷神社

運んだ堆積物が海底にたまり、広大な遠浅の海をつくり出していた。

その羽田浦を地元の名主・鈴木弥五右衛門という人物が、作物をつくる畑と居住地とするための新田開拓をはじめる。文化元年（一八〇四）ころのことであった。

弥五右衛門は現在の海老取川（羽田空港と、羽田旭町及び羽田五丁目を隔てる運河）の東側の浅瀬に土を入れながら干拓地を広げていったものの、十余年にわたる干拓工事中には、海と干拓地の仕切りとなる堤防が波で決壊する事態がたびたび起きていた。

この波により繰り返す浸食被害にほとほと手を焼いた鈴木家は、屋敷内に稲荷大神（屋敷神）を勧請して祀り、祈願をおこなうようになった。それが後の世に羽田の土地神となる、穴守《あなもり》稲荷神社のはじまりである。ただし、今日ある穴守稲荷神社となるまでには、その後いくたびもの試練を経ることとなる。

明治九年（一八七六）、明治政府によって私邸内に神祠《しんし》を祀ることが禁じられたため（私祭の禁止）、鈴木家の屋敷神であった稲荷大神は排斥されてしまう。しかしその後、明治一八年（一八八五）に稲荷神社として正式に祀ることを申し出て、翌明治一九年には晴れて穴守稲荷神社として復活し、やがて明治後期になってからは一般の参拝地として多くの人々が訪れるようになった。

「穴守」とは文字どおり穴が開かないように守るという願をかけた言葉で、堤防が波の力で壊れないようにという意味をこめた神社であった。ところがもともとそんな小さな土地神だった穴守稲荷神社が、あるきっかけや時の民衆の動静で、大きく変わることもあるという現実を見せつけることになる。

明治二七年（一八九四）、神社の近くで灌漑用の井戸を掘ったところ、掘りあてたのは井戸水ではなく冷鉱泉だった。小さな門前町は鉱泉が湧き出したことで突然大変なにぎわいを見せることとなる。

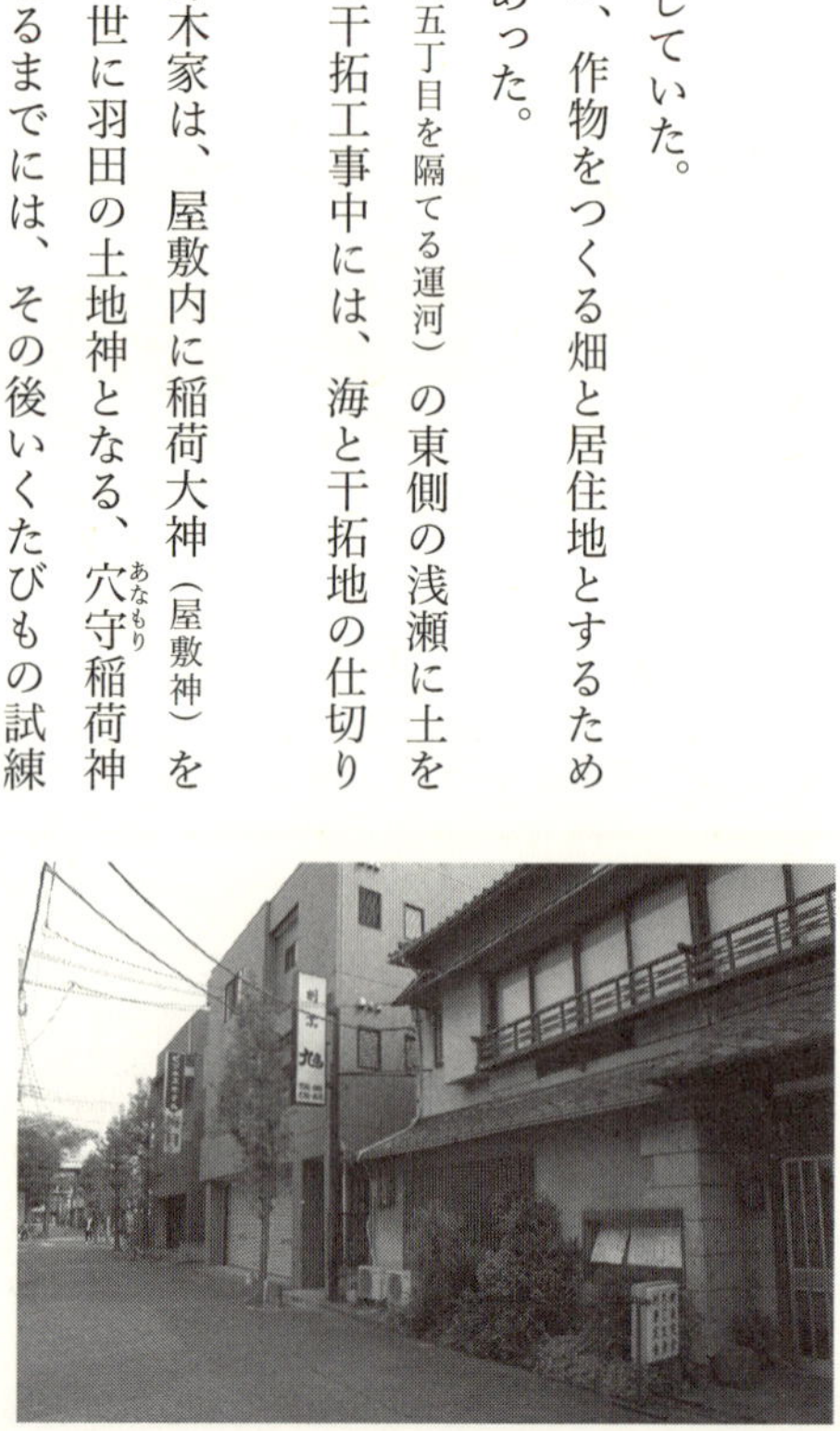

[右] 昭和が残る穴守稲荷神社参道
[左ページ上] 多摩川対岸から見た羽田島
[左ページ下] 穴守稲荷神社の千本鳥居

稲荷神社
納
大丸

参道にはみやげ物や食事の店が建ち並び、神社の周囲には温泉旅館が十数軒も建つという、かつてない繁盛を見せはじめるのである。

干拓前、羽田浦と呼ばれたころは寂しい漁師の集落に過ぎなかったこの地には、しだいに料亭や芸妓置き屋が台頭し、穴守稲荷神社はひとつの流行神として、その遊興地の様相を呈してくる。またそうした中、「穴守」という言葉が女性器を連想させるということで、女性の病に効験のある神社としてもてはやされることとなり、さらに多くの参拝者を集めることになる。

高名な神社には、全国各地から参詣のために集う人々による「講《こう》」という組織が形成されるが、この穴守稲荷神社には最盛期の大正元年（一九一二）、およそ二〇〇もの講があったと神社の縁起に記されている。どれほどの人気と信仰を集めたかがうかがい知れる記録である。

しかし太平洋戦争の敗戦を機に、この神社の運命は大きく変わっていく。

昭和二〇年（一九四五）九月、進駐軍によって羽田飛行場が接収されることになり、また飛行場の拡張のため、海老取川の東側すべて、つまりかつて干拓によってでき上がった人工島の地域が、ほぼ即時に強制撤去となった。

当然穴守稲荷神社も例外ではなく、このとき赤鳥居一基だけを接収地に残し、境内敷地のすべてを失った。幸いにも神社の御祭神は一時近くの羽田神社に遷宮《せんぐう》してしのぎ、三年後の昭和二三年、氏子たちの尽力によって現在の地（大田区羽田五丁目）に仮社殿を建てたのち、羽田神社より再び遷宮することとなった。

さて、このときなぜ赤鳥居一基だけが残されたかというのは、オカルトファンにはよく知られたミステリーでもある。

穴守稲荷神社

現在の穴守稲荷神社には、くぐると御利益があるといういわゆる「鳥居くぐり」がある。あの、小さな鳥居が何百本と連続して建ち並ぶものだ。これらは絵馬と同様で、すべて願い事のある人たちによって寄進されたものである。

先に書いたように戦前の穴守稲荷は空前の流行《はやり》神であったから、当然御利益を望んで寄進した者の数も膨大で、その鳥居の数は万を超えたといわれている。「鳥居くぐり」といえば京都の伏見稲荷大社の「千本鳥居」が有名だが、おそらく穴守稲荷のそれも、伏見稲荷に負けない幽玄かつ壮大なものだったはずだ。

GHQはもちろん社殿をはじめすべての鳥居も撤去せよと命じた。ところが門前のいちばん大きな赤鳥居（一の大鳥居）だけは撤去できず、そのまま空港の更地に残され続けたのだ。

というのはその移転作業中、不可解な事件が起きる。拝殿や他の鳥居は容易に倒されたにもかかわらず、問題の赤鳥居を倒す際、ロープをかけてジープで引っ張り倒そうとしたところ、ロープが切れてジープが横転、作業員に死傷者が出たのだ。その後も赤鳥居の撤去は何度も試みられたが、鳥居に手をかけた日にかぎって、飛行機の機器に不良が起こるという異常事態が続いたという。

以降も赤鳥居はその場に残されたまま、昭和二九年（一九五四）に東京国際空港ターミナルビルが建設された。同時期には滑走路も拡張されたが、この工事でも死傷者が続出したといわれ、また作業を請け負った業者が倒産したという噂もある。

そして昭和五七年（一九八二）、さらなる空港拡張計画が具体化し、またもや赤鳥居の撤去が決定した。しかしその直後の二月九日早朝、日本航空三五〇便が空港着陸直前、機長が逆噴射して同機は羽田沖に墜落。乗客・乗員二四名が死亡するという事故が発生。このときからいよいよ、「羽田の赤鳥居を壊そうとすると祟《たた》られる」という都市伝説が確立する。

かつて羽田空港を利用した人の中には、旧羽田空港ターミナルビル前の駐車場内に、いかにも場違いな巨大な鳥居がそびえ立っている姿を記憶しているのではないか。これが撤去されなかった穴守稲荷の赤鳥居である。

あのときなぜこの鳥居だけがまるで抵抗するかのように倒れることを拒んだのか？ それはのちに、なにしろ巨大な鳥居なので基礎が頑丈にできており、そもそもロープを掛けて引っ張る程度では倒せなかったことが判明している。

最終的には平成一一年（一九九九）、羽田が国際空港としての重要度を増す中で、新たにB滑走路がつくられる際の障害となるため、穴守稲荷神社の赤鳥居は羽田島の西南端に移設され現在にいたる。

都市伝説の原点はどこにあったのだろうか？

それはやはり昭和二〇年の九月にさかのぼる。

羽田空港を撤収した米軍は、その際、穴守稲荷神社とその周囲一二〇〇世帯に対して四八時間以内という強引な退去命令を出した。そして米軍は機械化された工兵部隊を動員して強制撤去に出るが、それでも赤鳥居だけは倒せなかったのだ。

太平洋戦争末期、アメリカを中心とした連合軍は、日本軍の特攻作戦に徹底的に苦しめられた。多くの若い日本兵がみずからの死を恐れることなく「天皇陛下万歳！」と突撃し、多くの連合軍兵士も死んだ。GHQが、皇室を頂点として日本人の中に根付く神道を疎《うと》ましく思っていたとしても少しも不思議ではない。

羽田空港に遺された大鳥居（1967年・毎日新聞社）

日本人もまた、あの戦争がまちがいであったと思っていた。広島で一二万人、長崎では七万人、東京大空襲では一〇万人もの人々が命を落とした。そうしたことから性急に過去を捨て、民主化を急いで近代化しなければならないと、多くの人々が考えた。一種、強迫観念的にそう思ったのかもしれなかった。ただし、古来守ってきた信仰まで忘れ去っていいものだろうかという危惧だけは残った。

羽田の赤鳥居はその象徴である。不安や恐怖は無理やり押さえつけても消えない。「祟り」や「応報」「霊障」として、我々の無意識を刺激し続ける。

ちなみに逆噴射で二四名を死にいたらしめた日航三五〇便の機長は、事故直前「ソ連が日本を破壊させるために日本を二派に分断し、血なまぐさい戦闘をさせている」という強い強迫観念に苛《さいな》まれていたという。

ジークムント・フロイトなら、「アメリカへの恐怖が安保条約と日米同盟によって回避されたことにより、恐怖の対象が冷戦構造下のソ連に転移した」と精神分析するだろう。

しかしそんな日本人もバブル経済の破綻とそれに続く失われた二〇年のはじまりにより、やっとのことで近代化という「合理主義」から解放された。そうしてバブル経済の余波もようやく収まったかと思われる世紀末の一九九九年、穴守稲荷神社の赤鳥居は、静かにその場を立ち去ったのだ。

異説の地霊——南砂《みなみすな》

砂町——江東区は東のはずれ、すぐ横には荒川が流れる海と川に面した一帯の呼び名である。

江東区南砂付近の地図

名前からして東京湾の海辺の砂地っぽさを感じさせる地名だが、しかし実のところその「砂」とは、まるで関係のないことが歴史をたどるとわかってくる。

この土地は福井からやって来た土木技術者・砂村新左衛門という人物が江戸時代前期に開拓した場所である。ゆえに開拓が終わり新田として完成したとき、開拓者の名を冠して初めは「砂村」と名付けられたのだ。

ところが大正一〇年（一九二一）の町制施行で、「砂村」は「砂町」へと変わってしまい、さらに昭和三七年（一九六二）からはじまった「住居表示に関する法律（郵便物などを配達しやすくすることを目的にした制度）」によって現在はその町名すらなくなり、東砂、北砂、南砂、新砂という四つの名称が残されるのみとなった。

かつてここは遠浅の海であった。牡蠣《かき》やアサリがよく獲れたという。それが明治時代の終わりごろになると、古くから江戸湾沿岸、品川や大森などでおこなわれていた海苔《のり》の栽培が、この砂村まで伝播してくる。

東京湾は海苔の一大産地となり、大正時代を経て昭和となったころも、海苔の生産は活況に沸いた。昭和一〇年ごろに生産の頂点をきわめたときには、海に立てて海苔を栽培する木の棒「海苔ひび」が、砂町のはるか沖まで海上に林立する風景が広がっていたという。もちろん夢の島やその先の新木場、若洲海浜公園など、戦後の人工島が影もかたちもなかった時代の話である。

ところで現在の南砂の南側（江東区南砂七丁目）に、富賀岡《とみがおか》八幡宮という由緒ある神社がある。別の名を「元八幡《もとはちまん》」と呼ばれるこの土地の産土神である。

江東区砂町上空

さてここで問題となるのが、元八幡とは、いったいどこの八幡様の「元」にあたるのかということだ。そしてこれが、実は同じ江東区にある富岡八幡宮なのだという。

本章「ごみ埋立地の地霊」の節でも記したが、富岡八幡宮といえば、徳川将軍家にも加護された江戸を代表する神社である。そんなだれもが知るところの富岡八幡宮の、その始祖にあたるのが富賀岡八幡宮なのだといわれると、当の富岡八幡宮としては心中穏やかではないかもしれない。それに「富岡」に一文字「賀」が入り「富賀岡」とする名称も気になるところである。

地元では深川八幡と呼ぶほうが通りのいい富岡八幡宮は、寛永四年（一六二七）に創建された。その縁起には、埋立地の富岡を波による浸食被害から守ってもらうようにと、横浜市金沢区富岡の古社で、「波除八幡」として知られていた富岡八幡宮より分霊し勧請したと伝えられる。これは「ごみ埋立地の地霊」の節で説明した通り。

しかし、その分霊のしかたにもまたいくつかの異説があり、そのひとつに横浜の富岡から直接深川へ分霊されたのではなく、実は一旦砂村の富賀岡八幡宮に分霊し、のちに深川に移されて鎮座したという言い伝えがあるのだ。

ではなぜそんな面倒なことをしたのだろう？　考えられるのは、埋め立て当初の深川（永代島）という土地が相当に悪い土地だったのではないかということだ。

これも何度も繰り返し書いていることだが、湿地に土を入れて埋立地をつくるということは、土地に湿気が完全になくなり、乾いた土壌になるまでは建物など建てられない。建築物自体が傾いでしまったり、湿気で畳や建材などが朽ちてしまうからである。だからそんな深川の社に八幡像を置いてしまったらなにか悪い影響でもおよぼしかねない。そこで急遽心配のない安置場所と

横浜市金沢区の富岡八幡宮

して、縁のあった近くの砂村に移したのではないか。だから富賀岡のほうが「元」なのだ。

さらにもうひとつの説として、富岡八幡宮に祀られた八幡像は実は二体あったという話もある。

一体は、これも「ごみ埋立地の地霊」の節で記したように京の都から菅原道真ゆかりの人物と伝えられる長盛法印が運んだもの。そしてもう一体、長盛の家臣であった伊奈という人物が奉納したという説である。

この伊奈氏が持っていた八幡像もまた、同様に富岡八幡宮へ奉納するつもりだったが、何らかの理由で砂村の富賀岡八幡宮に仮置かれることになった。

そしてやがてその伊奈氏の八幡像は、当初の予定どおり富賀岡から運ばれ富岡八幡宮に奉納される。そのようすの一部始終を見ていた砂村の人々の中から、富賀岡から八幡像が移されたのだから、富賀岡こそ元八幡だったのだという風説がたち、それが伝説化していったのではないかとも推測できる。

この「砂町の富賀岡八幡宮こそ深川の富岡八幡宮より先に八幡様を祀っていたのではないか？」という説はいまだ根強く、その起源を探る調べは現在も続いているという。

最後に蛇足ながら、さらにややこしい話をもうひとつだけ。

実はその長盛法印の八幡像にも諸説存在する。

まずは何度も述べている菅原道真作の八幡像説。これが寛永元年（一六二四）ごろ、ある夜、夢中に託宣《たくせん》があり、八幡像みずから「われ永代島に鎮座あるべし」と告げられ、その霊夢が何度も繰り返されるため、長盛はそのときすでに七〇才を超える高齢であったが、江戸へ下り「永代島」なる場所を

南砂の巨大集合住宅群

探したという縁起（『江戸名所記』より）。

もうひとつが長盛家には先祖伝来の弘法大師作の八幡大菩薩像があり、これがある夜夢枕に立ち、「武蔵国に永代島というあり、わが寓居えんところには白羽の矢たちたらん」とのお告げをした。そこで長盛は八幡像を携えて江戸へ向かい、土地の者に案内させ探しまわると、葦《よし》の間に小さな祠があり、見ると中には白羽の矢が一本納められていた、という説である（『富岡八幡宮縁起』）。

ここまでくると失礼ながら少々やり過ぎというか、後世の人々が理由を後付けし、話を盛っていったという気もしないではない。しかし逆にいうとそれだけ「長盛の八幡像」には謎があり、だれもがその真実を知りたいと願ったからだともいえる。

そして私はこれを、決して悪いことだとは思わない。なぜならそれだけ八幡様という神が長い間、そして今日まで、多くの人々の心の中で生き続けているという証拠だからだ。

神がほんとうに存在しているかどうかはだれにもわからない。けれど、我々の心の中にはまちがいなくいる。そして土地や、神社をふくめたすべての建造物は、人間の力だけでは、つまり神の助けがなければ、決してつくり出すことができないものなのだ。

東京湾の浦島太郎伝説——横浜市子安浜《こやすはま》——

東京湾沿岸部の横浜から川崎にかけては、内陸から増殖してできた埋立地とひと目でわかる、角張った人工島がたくさん並んでいる。

横浜市神奈川区子安——横浜港深奥部の運河がめぐる町で、コンクリート製の岸にはもう二度

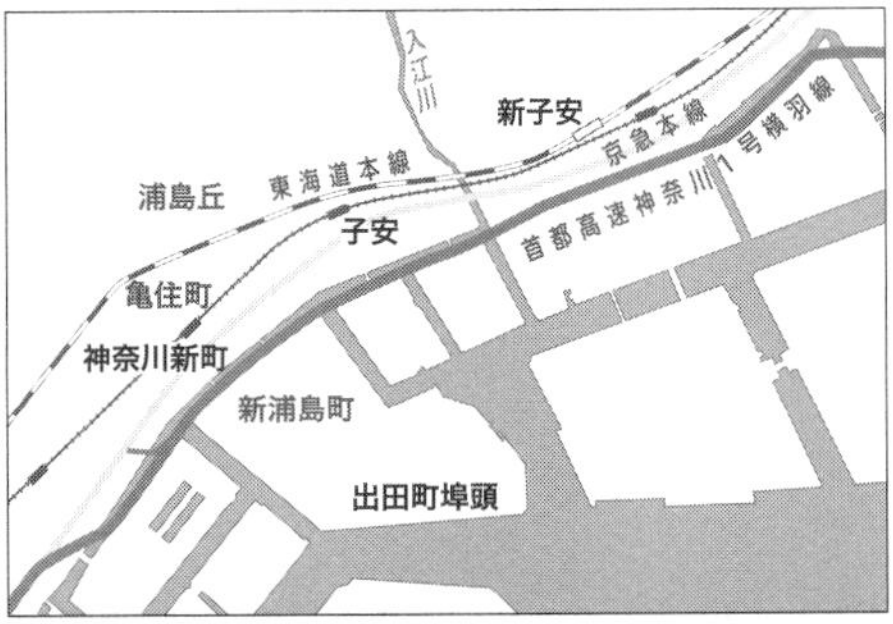

子安付近の地図

と海に出かけることなどなさそうな、古びた遊漁船が何隻も係留されている。現在では、寂れて眠ってしまっているような地区である。

京浜急行の子安駅を降り、潮の匂いを頼りに南へ二〇〇メートルほど歩くと、運河とおぼしき水辺に出る。対岸はあきらかに埋立地とわかる、真っ平らで画一的な護岸の工業用地だ。窓のない箱型の巨大な倉庫がその岸辺に壁をつくっている。

その運河の上を、首都高神奈川一号横羽線が走っている。この町はなにもかもがアンバランスでまとまりがなく、どことなく居心地が悪くて落ちつかない。運河はおそらく海と通じているはずなのに、近づくにつれ潮の香りは消えドブの臭いだけになる。係留《けいりゅう》された船の中には廃船も混じり、それはまるで腐敗していくこの街の壊疽《えそ》のようだ。

はたしてここは埋め立てられる前、伝え聞くようにほんとうに美しい浜辺だったのだろうか？

かつて子安浜と呼ばれた海辺の漁師村。ここは竜宮城から戻った浦島太郎が、のちに土地神を遺した場所である。

語り継がれる浦島太郎の伝説は、だれもが一度は耳にしたことがあるはずだ。

漁師をしていた平凡な若者・太郎は、ある日海辺で悪童たちが亀をいじめているところに遭遇する。太郎が亀を助けると、亀は礼として彼を竜宮城に連れていく。竜宮城では乙姫が太郎を歓待し、夢見心地の饗宴を過ごすものの、やがて太郎が帰る意思を伝えると、乙姫は「決して開けてはならない」としつつ玉手箱を渡す。再び亀に連れられ浜に帰ると、そこに太郎が知る人はだれもいない。そして彼は「開けてはならぬ」といわれていた玉手箱を開けてしまう。すると中から煙が発生し、煙を浴びた太郎は、一瞬のうちに老人の姿に変化していた。浦島太郎が竜宮城で過ごした日々は数日だったが、

［左ページ］子安の沿岸部に近い運河で

地上では数十年の長い年月が経っていたのである――。

ところがこの子安に残された浦島伝説は、一般的に伝え聞くものと少し違っている。

物語の詳細もさることながら、この子安には太郎が歩いて残したとされる場所や所縁《ゆかり》のものが実在し、浦島太郎自身もここに実在した人物と確定した上で今日に伝えられているのだ。

江戸時代の子安浜は幕府おかかえの漁師村で、御菜《おさい》八ヶ浦(徳川将軍家のために海産物を献上していた地区)に位置する、魚のよく獲れる海辺の村であったという。

そして子安に伝わる浦島伝説は次のとおり。

相模国三浦に、浦島という一家がいた。主の太夫は丹後国に公務に赴いていたので、子供の太郎は父親と離れて暮らしている。太郎はあるとき浜でいじめられていた亀を助けたことで、その後竜宮城に連れられて乙姫にもてなされる。夢のような三年の歳月を過ごして親元へいざ帰ろうというとき、乙姫は聖観世音菩薩と篋《くしげ》(玉手箱)を太郎に授ける。それを手に太郎は故郷へ帰り着き、そして篋を開けてみると白い煙が立ちのぼり、たちまち白髭白髪の老人となってしまう。あたりを見まわすと、そこは見たこともない景色に変わっていた。それもその

はず、そこは三〇〇年間もの歳月を経た故郷の景色だったからだ――。

一般的な浦島太郎の話はここで終わる。しかし子安浜の浦島伝説には、さらなる続きがある。太郎は多くの行き交う人にたずねて、武蔵国白幡（横浜市神奈川区浦島丘付近）というところに亡き両親の墓があることを聞き出し、その場所を探し歩く。やがてその墓を探しあてるとそこに父母のための小さな庵《いおり》を建て、竜宮城から授けられた聖観世音菩薩を安置して菩提《ぼだい》を弔《とむら》う場所とした。そこは後に「浦島寺」と呼ばれる観福寿寺《かんぷくじゅじ》となった。

浦島太郎の物語は全国津々浦々に残されているが、このような後日談まで記されるのは、おそらく子安浜の浦島伝説だけであろう。

子安を中心に神奈川区の地図を調べてみると、この付近には浦島町という番地を筆頭に、浦島丘、亀住町などという地名があり、海から上がった太郎が潮を洗い落としたという「足洗い川」――今は残念ながら暗渠《あんきょ》（ふたをして見えなくなった水路や川）となっているものの――が残り、浦島伝説にまつわる地名が非常に多いことに驚かされる。

これらはすべて海辺から三〇〇メートルほど内陸に入った場所にある地名や史跡だが、この付近はかつて海だった場所であり、埋め立てられて土地となったところだ。つまり今は内陸になっているとはいえ、太郎が暮らした海辺の漁師町の所縁を残す場所と考えるのが妥当であろう。

「浦島寺」こと観福寿寺には、実は玉手箱や太郎の使用していた釣り竿までが祀られていたという。ところが残念なことに明治元年（一八六八）神奈川宿の大火で消失したという。観福寿寺も明治五年には廃寺となるが、太郎が龍宮の乙姫から授けられたという聖観世音菩薩だけは無事

入江川沿いの浜通り

で、子安駅から約二キロ南西へ、京急本線沿いにある慶雲寺に移され、浦島観世音堂に現在も安置されている。

ところで子安浜の浦島太郎は、三〇〇年間どこにいたのだろう？　竜宮城にいたとするのなら、竜宮城とはいったいどこにあったのだろうか。

たとえばこうは考えられないか？

まだ航海術など発達していなかったむかし、漁師の舟が手漕ぎで帆掛けだった時代。海に漕ぎ出た小さな舟にとって、東京湾ははてしのない大海であった。早朝から海に出た若き太郎もはじめのうちは天気晴朗の中で釣果に恵まれ、本来ならばそろそろ漁を終えて家路につく時刻であったが、あまりの入れ食いの大漁にうつつをぬかすうち、一天にわかにかき曇り嵐の海となってしまう。

木の葉のように流され大波にのまれて舟は転覆し、気づけば見知らぬ浜に打ち上げられていた。そこは子安浜ではなく江戸湾の対岸、遠く房州《ぼうしゅう》（千葉県）の海辺であった。

記憶を失った太郎は地元の人に助けられ、温情に包まれながら長い間その地で過ごす。むかしのことはあいかわらず思い出せないままだったが、やがて身体も治ったので故郷を探して歩く旅に出る。そして長い年月の末ようやく見おぼえのある子安浜に立ったとき、太郎の記憶は突然よみがえった。それはあたかも一瞬で歳をとってしまったかのようであった——。

遭難していなくなったと思われていた人物が、他所の地で助けら

［上］新子安の「浦島踏切」
［下］慶雲寺の「浦島観世音」

れて戻ってきた話は日本にはいくつもある。東京湾に浦島伝説があるのは航海の技術が未発達だったむかし、おそらくこの湾内では数多く起こったであろう遭難事故が底流にあったのかもしれない。

浦島太郎の伝説が文献として初めて登場するのは八世紀初めに成立した『日本書紀』の、雄略天皇二二年（四七八）秋七月の条の記述とされる。

ここで語られる物語はこうだ。

丹波国餘社郡（現・京都府与謝郡）の住人である浦嶋子（浦島太郎）という人物が舟で漁に出たが、捕らえたのは大亀であった。するとその大亀は突然女性に姿を変えてしまう。浦嶋子はこの女人亀に感じるところあって妻とする。そして二人は海中に入って蓬萊山（とこよのくに）へ赴《おもむ》き、各地を遍歴して仙人たちに会ってまわった。

ここでは亀と乙姫が合体しているようであり、なにより竜宮城が蓬萊山に変わっているのが興味深い。蓬萊山とはその読みのとおり、「常世の国」である。

つまりこれを子安浜の浦島伝説になぞらえてみると、太郎が流れ着いた房州の人々にとっては、浦島太郎こそが「まれびと」であったのかもしれない。だからこそ太郎は竜宮城にて、唄に唄われ「乙姫様の御馳走に　鯛や比目魚の舞い踊り」と、手厚くもてなされたのだ。

第四章

開拓者と京浜マニュファクチュア

04

臨海工業地帯開発の父——浅野総一郎

江戸東京は、入江や湿地を埋立地につくり変えることにより、多くの人々が住む町に発展した。やがて幕府によって隅田川の東側にあった永代島（江東区富岡）が江戸のごみ捨て場と決められたことで、結果的にそこが埋め立ての発端となった。葦《よし》の茂る湿地や川と海の堆積物でできていた洲にごみを運び込み、徳川二六〇余年という長い年月の間に、現在の江東区一帯の原型はでき上がっていった。

そして時代は幕末を経て明治時代となる。開国後も東京港深奥部の埋め立てはさらに続けられ、品川沿岸部や月島などの工事が進行していく。そうした中、貿易港としての横浜の重要度があらためて見直され、それにともない品川から川崎、横浜へいたる京浜一帯の港湾の工業地化へとその整備が急がれることになる。

日本は長い鎖国で世界と断絶していたため、交易に不可欠の港湾や運河の整備が決定的に世界から立ち遅れていた。明治という時代はその点からもまさに近代化の幕開けであり、「京浜地帯」はこののちに興る東京湾沿岸の工業発展と、日本の経済成長を支えるもっとも重要な場所となっていく。

日本の中心地東京の玄関というべき東京湾をグローバルな視野から眺め、国家的なビジョンを描かなければならない時代の到来だった。そんな中で、日本近代工業の礎となる「工業地帯用地」という埋立地をゼロからつくり出した人物がいたことを、まず語らねばならない。

浅野総一郎（一八四八〜一九三〇）。浅野セメント（現・太平洋セメント）の創始者であり、後に一五大財閥のひとつに数えられる浅野財閥を築き上げ、一代で財を成した事業家である。浅野が創設もしくは取締役として名を連ねた企業は実に多岐にわたる。浅野セメントをはじめとして、海運会社の東洋汽船、浅野造船所（のちに日本鋼管と合併）、埋め立て事業の鶴見埋築株式會社（現・東亜建設工業株式会社）、さらにはセメントの材料である石灰岩を運ぶため青梅線、鶴見線、南武線といった鉄道敷設事業にも参入した。

これらはすべて、当時の日本があらゆる局面で欧米の近代化から遅れをとっていたからだった。事業を運営しようにもまず資材を運ぶ船がなく、鉄道もなかった。ならば船をつくればいい、鉄道も敷設すればいい、港がないなら築港してしまえばいい、浅野は常にこのように斬新で大胆な発想をした。そして行き着いた先が「土地がないならつくってしまえ」という構想から生まれた埋め立てであり、人工島建設だったのだ。

まずはその生い立ちから紐解いてみよう。

浅野総一郎はペリーが来航する四年前の嘉永元年（一八四八）、富山県の氷見《ひみ》で医者の長男として生まれた。幼いころから勉強嫌いだった総一郎は、周囲の反対を押し切り、家業の医師ではなく商人を志す。彼がもの心のつく江戸後期から明治初頭といえば、日本海の小さな港町の北前船《きたまえぶね》が巨万の富を稼ぎ出していた時代だった。北海道と大阪を結ぶ交易船が北陸各地に景気とにぎわいを落としていく、それらの光景をまのあたりにしていた浅野少年は、みずからも事業を興すことを決意するのである。

明治四年（一八七一）二三才のとき、これといった資金もなく、文字どおり裸一貫で上京した総一郎は、夏場、お茶の水の冷たい名水に砂糖を入れた「水売り」から商売をはじめる。そこでわずかな小金をつくったところで、一旗揚げるため開国と文明開化に湧いていた横浜へと向かう。そして横浜では各商店が品物を包むための「竹の皮」を欲していることを知り、それを千葉で仕入れて舟で運び、横浜で卸す「竹皮商」となるも、その商売を一年ほど続けるうちに、薪《まき》と炭のほうがより需要が高いことに気づき、「薪炭商」に転向。「大塚屋」を名乗る。これが最初の転機となった。

明治六年（一八七三）、石炭や薪炭を売り込む商いの過程で、総一郎は横浜ガス局がコークスの処分に困っていること知る。ガスをつくるために石炭を燃やすとその残りカスとしてコークスが大量に出る。当時欧米ではすでにコークスの燃料化が進んでいたが日本にはまだその技術がなく、「骸炭《がいたん》」と呼ばれ廃棄物としてあつかわれていた。「西洋人にできることが日本人にできないはずはない」、そう信じた総一郎は深川の官営セメント工場に掛け合い燃料化実験を持ちかけ、これに成功。横浜ガス局からただ同然のコークスを仕入れ巨万の富を得た。

この噂を聞きつけたのが当時の東京ガスのトップ、渋沢栄一だった。渋沢は同時に王子製紙の経営権も握っており、東京ガスから排出されるコークスを王子製紙で燃やせば一挙両得と考えこれを総一郎の「大塚屋」に任せた。そして「我が国初のコークスの燃料化」という偉業を達成してなお、総一郎が半纏《はんてん》に股引《ももひき》姿というでたちで人足の先頭に立ちみずから荷を運ぶという、その姿を意気に感じ、彼を私邸に招くようになり交流を深めていく。

天保一一年（一八四〇）生まれの渋沢と、嘉永元年（一八四八）生まれの総一郎がともにめざしたのは、いうまでもなく日本の近代化であった。これは渋沢の紹介で知り合い、やがてもうひとりの大きな後ろ盾となる盟友・安田善次郎（安田財閥の祖・天保九年生まれ）も同様であった。

そこで次に総一郎がおこなったのは、深川セメント製造所を官業払い下げで手に入れ経営することだった。火事に負けない欧米並みの建築物をつくるにはセメントがなにより重要であり、これが「浅野セメント」の基礎となり、後の築港にも繋がっていく。当然のことながら、港を築くのには大量のセメントが必要となることはあきらかだった。

またもうひとつ、総一郎は出入り業者として深川セメントを訪れるたび目にする、職工たちの「官営だから儲かっても損しても関係ない」とばかりののんびりとした仕事ぶりに業を煮やしていたという。ここにはやがて直面する、遅々として進まない国による湾岸埋め立て事業計画に対し、「国がやらなければ俺がやってやる」という、国営事業に対する反骨精神がすでにうかがえる。

「浅野駅」と「安善駅」

総一郎が港湾事業に乗り出した背景には、当時の日本の非常に貧しく未開な港湾状況があった。たとえば明治二〇年代の横浜港といえばひとつの桟橋すらなく、外洋から大型船が着くとその船は沖に停泊したままであった。そこへ小型蒸気船が迎えに行くと、客はそれに乗り込んで海岸まで運ばれるしかなかった。

第一期の築港工事がはじまり大桟橋が竣工したのが明治二九年（一八九六）五月。繋船岸壁が築造され、上屋（波止場の屋根）や倉庫、鉄道の引き込みが完成、どうにか近代的港湾としての姿を見せてくるのは、第二期工事の終わる大正六年（一九一七）まで待たねばならない。
そんな中でなにより問題だったのは貨物の輸送だった。内外からの入港船舶数は新港埠頭の能力を超えて増え続けるため、これもまた「沖懸《がか》り」と呼ばれた、沖に停泊した船に艀《はしけ》を向かわせて荷役をおこなうやりかたが続いていた。

さらにもうひとつの懸案事項が、横浜に到着する貨物の大半は大消費地である東京へと運ばれるものだったが、その輸送もまた小さな艀に頼らざるを得ないという状況だったことだ。本書では何度も記しているが、東京湾は隅田川や江戸川などで運ばれて吐き出された大量の土砂のため遠浅の洲になっていて、大きな輸送船を航行させることが不可能だったからだ。

加えてその京浜間の航路には、防波設備がいっさいなかった。多摩川からの流出土砂で浅くなっている羽田沖は、こうした手こぎの艀にとっては命がけの難所であった。ちょっとした風波で艀は浅瀬に衝突し、積み荷への進水、洲への乗り上げ、転覆、沈没という海難事後が起き、人命が失われることも珍しくなかったという。

このため京浜間の交通が途絶することはしばしばあり、横浜港の設備が近代化されていく中でも、その輸送は不経済、非効率のまま放置され続けた。

浅野総一郎が渋沢栄一と安田善次郎の力を得て、新会社の東洋汽船を創業するのが明治二九年（一八九六）、まさに上記のような前近代的な港湾状況の最中である。そして同年、総一郎は汽船の買い出しと外航路の開設のために外遊に向かう。そこで彼は日本とはけた違いに進んでいる欧米の港湾

横浜港での塩の艀積み（1964年・時事通信）

施設や運送の実状をまのあたりにし、大きなショックを受けて帰国するのである。

総一郎は当時世界に四隻しかなかった大型貨客船「ゲーリック号」に乗って日本を出発するが、まず最初の寄港地ホノルルでわが目を疑った。港に艀の姿が一隻も見あたらないのだ。巨大な船は港内をずんずん奥へと進んでいき、岸壁に到着するとそこには汽車のレールと停車場が設置されていた。荷物は船から直接貨車へ移し替えられるのだ。日本では艀がなければ荷物も人間も岸壁にすらたどり着くことができないというのに、ホノルルでもバンクーバーでもビクトリアでも、艀の姿はついに一隻も見ることがなかった。

ロシアの黒海湾では小麦三〇〇〇トンの船積みがわずか一日で完了するのを目撃した。しかも岸壁に横付けされている汽船には、畑から往復一六マイルのベルトコンベアが続いているのだ。ドイツのハンブルグ港では大豆八〇〇〇トンを積んだ汽船がここでも岸壁までぴたりと横付けされていたが、見ると三〇トンクラスの貨車が一五両ばかり船に沿ってずらりと並んでいる。そして袋の口のようなものが一方は貨車に、一方は船倉に装着されていて、電気が入ると船の中の大豆がたちまち吸い上げられ、貨車の中にどんどん積み込まれていく。聞けば荷揚げの作業が完了するのはわずか一〇時間だという。総一郎は目をみはり感嘆の声を上げ続けるしかなかった。

そして帰途、総一郎を乗せた「コプチック号」が横浜港に近づいたときだった。船は海岸から遠く離れた沖に錨を下ろす。すると数十隻の艀が本船

めがけてわらわらと漕ぎ寄ってくるではないか。甲板には数人の外国人客がいたが、そのうちのひとりが艀を指差し総一郎に、「あれは何だ?」とたずねたという。

浅野総一郎は後年、「私はなにか大きな辱めを受けているように感じ、冷や汗を流しました」と述懐している。

こうして総一郎は東京湾の築港と整備の必要性を痛感する。そして彼が描いた構想はおよそ次のようなものであった。

一、横浜と東京に繋船岸壁を持つ近代的な港を建設する。
二、横浜と東京の間に運河を開削して、輸送の迅速化と安全を図る。
三、運河開削の土砂をもって沿路にある遠浅の海面を埋め立て、京浜間に巨大な工業地帯を造成する。

実にシンプルかつ明快にして合理的な計画である。なにより東京湾のもつ遠浅という特徴、その長所を生かして埋め立てをおこない、同時に運河をつくり短所だった小型船航行の危険を回避するという、まさに一石二鳥の志であった。

さらにこのうち東京湾築港計画に関しては、次のような具体案が考えられた。

その一、羽田沖から芝浦付近まで幅三〇〇メートル、水深一〇メートルの運河を開削し、一万トン級以上の船舶が直接停泊できるようにする。

[右ページ] 世界漫遊を終えて帰国した浅野総一郎（手前中央）（1930年・共同通信）

その二、開削による土砂を利用して運河の沿岸に約六〇〇万坪の埋立地を造成する。
その三、この埋立地の一部に鉄道を敷設し、または倉庫を建設。他の埋立地は築港会社の所有地とし、適宜に工業用地として売却する。

それはまさに総一郎が外遊でまのあたりにした、欧米の近代的築港と鉄道との連携を実現するものだった。

しかしこの大事業を現実のものとするには、当然ながら巨額な資金調達と圧倒的な政治力が必要となる。そこで総一郎はこの築港計画案をまずは安田善次郎に提示、資金的後援を求めた。安田もまた東京湾築港の必要を以前より痛感していたひとり、いわば同志である。

「東京湾築港は私の宿志でもあります。事業のほうをあなたが引き受けてじゅうぶんにやってくださるのなら、資金のほうは私が引き受けましょう」とふたつ返事で快諾したという。

こうしてまずは鶴見・川崎間に一五〇万坪という巨大な埋立地建設がはじまる。これには一五年という歳月が費やされ、実際に完成したのは昭和三年(一九二八)であった。このような巨大な埋め立て事業はどう考えても公共事業として都府県など自治体でおこなわれるのが一般的だが、この鶴見から川崎の埋め立てについては総一郎の先見性と人間評価が功を奏し——多くの挫折と紆余曲折はあったものの——県の事業許可が下り、一民間企業によって完成した。

ここにはのちに「浅野埋め立て」という俗名が付けられ周辺の人々から親しまれることになる。浅野総一郎が京浜工業地帯を開祖した、その記念碑的な呼称といっていいだろう。

大正七年(一九一八)、あらかた完成していた「浅野埋め立て」の地に、鉄道院(鉄道行政の中央官庁)

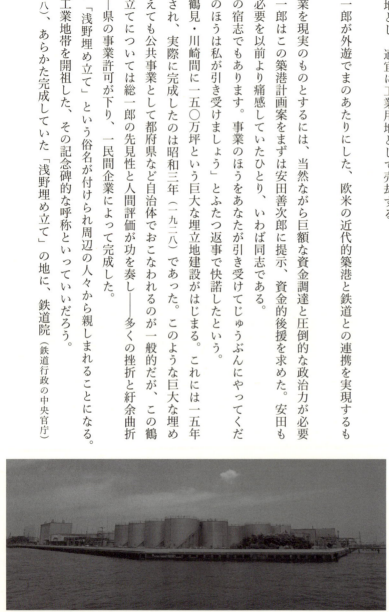

が敷設した鶴見臨港鉄道の貨物列車が通うようになる。この路線は川崎駅から浜川崎駅（当時の埋立地の南岸部）までの引き込み線的な貨物線で、この埋立地に工場を持つ企業にとっては圧倒的な輸送効率が約束された。

しかしそんな「浅野埋め立て」地の完成を目前とした大正一〇年（一九二一）九月二七日、悲劇が起きる。

神奈川県大磯町にあった安田善次郎の別邸・寿楽庵に、弁護士・風間力衛を名乗る男が現れ、労働ホテル建設について談合したいと申し入れるも、面会を断られた。この「風間力衛」は実在の人物だったが、実は「神州義団」団長を名乗る右翼活動家・朝日平吾という当時三一才の若者であった。

明けて九月二八日、早朝より「風間」こと朝日平吾は安田邸の門前で四時間ねばり続けたあげく、面会が許される。そして午前九時二〇分ころ、一二畳の応接間に姿を見せた善次郎は、朝日に短刀で切りつけられ、逃げようとし廊下から庭先に転落したところを咽頭部にとどめを刺されて死亡した。その後朝日も応接間に戻り、所持していた短刀と西洋刀で咽喉を突き自殺した。

この日、浅野総一郎は東京駅にほど近い事務所にいた。そこで大磯の安田邸の女中から電話を受ける。

「旦那様が、旦那様が！」とだけ震えるしどろもどろの声に、総一郎は瞬時に事務所を飛び出し東京駅より汽車に文字どおり飛び乗ったのだが、大磯に着くまでの間、列車がこれほどに鈍《のろ》いものかと嘆き続けたという。

このとき浅野総一郎はすでに七四歳。駅から安田邸まで杖をつくのももどかしく坂道を駆け上がった。屋敷に入ると使用人たちがただおろおろと右往左往するだけで、警察よりも親族よりも、安田銀

［右ページ］現在の川崎沖の埋立地

行の社員よりも、総一郎が最初に到着したという。

同じ年の五月、総一郎と安田は上海、マニラ、香港、広東をめぐる外遊へと出かけている。大洋丸という客船のデッキで風に吹かれながら、ふたりは夜な夜な夢を語り合ったという。そして安田は総一郎に淡々とこう伝えた。

「浅野さん、お金のことはもうすべて私にまかせてもらえませんか。二億くらいなら融資できます。あなたの好きなようにお使いなさい。私はあなたを信じている」と。

二億というと、当時の国家予算の七分の一である。つまりこれは「浅野埋め立て」地の事業が終わってもなお、二人でタッグを組みつつ国に代わって仕事をし、新しい日本をともにつくっていこうというメッセージであった。

総一郎は庭先で無残にも血まみれで絶命している安田の身体を抱き、「これからじゃないですか、安田さん、約束したじゃないですか」と周囲も気にせず号泣し続けたという。

総一郎は埋立地の完成を待たず無念の死を遂げた安田善次郎の貢献を永遠に残すため、同地に敷かれた鉄道駅のひとつに、「安善《あんぜん》駅」と名付けた。そして大正一五年（一九二六）、同沿線には「浅野駅」という貨物駅が完成する。

太平洋戦争中の買収で国有化され、この鶴見臨港鉄道はＪＲ鶴見線となって現役路線として今も活躍している。その鶴見駅から扇町駅までの中ほどに、「浅野駅」と「安善駅」は仲よく並んでいる。まるでふたりの男が見た壮大な夢が、今も生き続けているように――。

新天地を求めて――京浜島

京浜工業地帯を代表するような名前の島が、大田区羽田のすぐそばにある。

その名は「京浜島」（MAP⑲）。

新橋と羽田を結ぶ東京モノレールはとなりの昭和島を通っていて駅もあるのだが、この京浜島はその路線から運河ひとつはずれており、したがって駅もない。最寄り駅である大森から、平日の日中ならば一時間に一本のバスに乗り、およそ三〇分かけて行くしか方法のない工場団地の島である。

ここにはなんの観光的要素もない。ひたすら労働のためだけにある人工島だ。すすけた工場が建ち並び、特段気もひかない街路樹が、わずかに緑色の葉っぱでその工場地帯に彩りを与えるだけ。たまに擦れ違う道行く人々は、すべて作業着に身をかため、黒い安全靴を履いた工員だ。彼らはここでものを買ったり食事をしたりはしないのか？　商店のような建物も、視界にはいっさい入ってこない。

いったいなぜこんな不便な場所に、人工島ができたのだろうか。

鶴見・川崎に埋立地をつくり出した浅野総一郎の京浜工業地帯は日本の工業生産を育み、それはやがて東京の大田区大森や羽田などに、大企業の仕事を下請けする多くのマニュファクチュア（工場制手工業）の町工場を生み出していく。

町工場は汚くてうるさい。金属を指定のかたちに仕上げていく鍛造《たんぞう》という仕事では、ハンマーで金属をガンガンたたき、大きな機械でドッカンドッカンと押しながら形状にしていく。その一方で溶かした金属を静かに型に流し込んでつくる鋳造《ちゅうぞう》というのもあるが、音は静かだが熱気や臭気が身体にまとわりつく。動と静の違いはあっても工場の汚さや削る金属音、火を使う焼け焦げた臭いはどこも同

［右ページ］鶴見線の安善駅と浅野駅

じだ。

　大きな音を出す町工場、煤《ばい》煙を立ちのぼらせる煙突、工場から出た毒々しい色をした工業排水が川や海に直接垂れ流され、昭和三〇年（一九五五）から四七年（一九七二）ころまで、高度経済成長期と呼ばれた時代の東京湾の海岸部は、いたるところがドブのようなありさまで、汚濁やその臭気はひどいものだった。これらは日本の近代工業力がなんの制限も受けず、活発に増強していた時期である。

　世界がうらやむような高度経済成長を突き進んでいたころの京浜工業地帯の風景は、一〇〇年前にイギリスに起きていた現象と同じだった。一九世紀の産業革命以降、イギリスの工業はすべて石炭エネルギーに依存していたため、その煤煙がロンドンの空一面を覆うスモッグ現象を引き起こした。

「霧のロンドン」とはもともと同地には特に冬、濃い霧が発生することでいわれた言葉だが、やがてそれは呼吸器疾患などの健康被害をもたらす悪しき代名詞となっていく。川崎を中心とする京浜地区を覆い尽くしたスモッグも、工業地帯から出た煤《ばい》煙が汚染源ということが特定され大きな社会問題となっていった。

「キツい」「汚い」「危険」な仕事といわれる「3K労働」に支えられてきたからこそ、日本のずば抜けた経済成長はあった。その成長を下支えし汗水たらして働き続けてきた京浜工業地帯の町工場は、そんな中「公害企業」という烙印まで押されあえぎ続けたのだ。

　そんな町工場が密集していたのが大森や羽田だった。工場は住宅や店舗のある町なかにあり、大き

[右] 京浜島の町工場
[左ページ] 雑草が茂る京浜島の歩道

な機械音や臭気を出しながら、近隣への迷惑を気にしつつ肩身の狭い思いで仕事をしていた。

そしてこのような近所迷惑ともいえる騒音と臭気の町工場にあてがわれた代替地が、東京都が新たに人工島として用意した京浜島だったのだ。

しかし「用意された場所」といえば通りはいいのだが、実のところほとんどの町工場は住宅街から追われるように京浜島に引っ越した——こちらの言いかたのほうが当たっている。

大田区大森沖の海面に造成された京浜島は、昭和五一年（一九七六）四月に第一次移住がはじまり、四班に分けて六〇社が集う人工島となった。これを機に新しい産業設備の近代的工場をつくるため、東京都が先導する格好で島づくりが進められた。

京浜島は都指定の「工業専用地域」ということで、まず工場などの建物内に畳の部屋を設けてはいけないことになった。建物の設計図面にそうした部屋がないか厳しくチェック、点検がなされた。つまり居住できる場所はいっさい認めず、工場だけに専心させる試みだったのだ。

町づくりに関しては、給油所とスーパーマーケットは都の指導で組合化すれば設置することが可能で、食堂など飲食関係は個人単位の営業としては認められないが、自治厚生会館などが主体になるものであれば許可された。

厳格にして画一的、人権を無視した工場地計画ではないか？　と、そう言ってしまうのは簡単だ。しかしそもそも工場というのは騒音や臭気、粉塵を出すところなのだ。工場の中にこっそりと住居をつくれるようにしてしまえばもとの木阿弥。それまでの大森や羽田の町工場兼住宅地に逆戻りで、仕事場と居住地を分けた意味がなくなってしまう。

東京都は「京浜島は工場用地であり、人の住む場所ではない」ということを厳しく意識化させ

装飾のない京浜島の街並

たのだ。そして工場の社長さんたちは近くの大井にある八潮団地や大森など、京浜島以外の場所に住まいを持ち、従業員もさまざまな場所から通勤してやって来ることとなった。

この島には、工場敷地の一〇パーセント以上に樹木を植えなければいけない、という緑地帯規則がある。工場外観が殺風景にならないよう植樹を推進し、京浜島が工場だらけの島だと思われないようにしようという奨励策である。

そして数十年にわたり木々は植え続けられた。けれど工場の町並みに似合うみごとな樹木の場所など、今になってもひとつも見あたらない。しかしそれをこの京浜島に求めてしまっては酷であろう。石を投げつけられながら、ここまでやっと逃げてきて安住した工場の島。日本の機械工業の核心ともいうべきマニュファクチュアでものづくりをしてきた京浜島の工場にとって、緑はただあるだけでいい。この島は公園ではなく、彼らの仕事場なのだから。

ものづくり職人の島

技術大国の名をほしいままにしてきた日本の先端技術も、ここへきてアジアをはじめ第三世界の後発国から追い上げを受け、煽られながら追い越されんばかりの苦戦を強いられている。しかしそうした国家的なしのぎを削るエコノミックレースの中での技術開発とは一線を画し、日本の磨かれたものづくりの技術力は今も色あせることない。とりわけマニュファクチュア最先端の人工島・京浜島ではしぶとく健在だ。

大田区内やその他各所の市街地より、追い出されるように移転して来た町工場たちは、この京浜島でいったいどんな仕事をしているのだろうか。

京浜島にある協同組合のひとつ東京鉄鋼工業協同組合では、昭和五一年（一九七六）の発足当時の加盟企業は六〇社だったが、現在では組合創立時からの企業は二四社となり、組合加盟企業も四一社と全体的に縮小した感は否めない。それでも板金加工、鍛造と機械加工、金属加工、樹脂加工、バラエティに富む製造業の町工場は今も健在だ。

その組合の一社に、関東鍛工所（代表取締役・日原行年）がある。この工場でつくられるものは「金型」である。あらゆる商品の部品、パーツ、そういったものをかたちづくる金属製の型をつくっているのだ。いわばあらゆる産業のあらゆる分野で使われる「素材」をつくっている。

ではその金型でつくられた素材がはたして、最終的には何に組み込まれ、どのようにかたちを整え、どんな製品になるのかというと、これがなかなか答えを出せないという。なぜならここでつくられた金型が、最終的にひとつひとつどういう完成品になったかという追跡をするのは、あまりに遠い行程の先の先にあるもので、産業分野も広範囲にわたるため至難の技なのだ。

いやそもそも、工場は自分たちがつくり出すものへの探求だけが命題であり、それが何になるかはむしろどうでもいいことであるらしい。代表の日原氏にたずねてみても、

「宇宙に行って仕事をしている機器の一部もあるし、医療現場で毎日使われている機器パーツや、ほかにもいろいろだね」

という答えしか返ってこない。そういう言いかたしかできないようだ。

つまり彼らは完成したものをどうこう考えるより、たとえばどんな熱処理をして硬さを出せばいいのだろうかということを、真摯な職人として常に考え続けている、ただその一点なのだ。

京浜島の製造工場

ほかにも京浜島には、頑固な職人気質の工場がいくつもある。キャスター付きのテーブルを動かした後、停止ストッパを下ろして固定できる「キャスターユニット」という特許をもつ、キャスターに特化したちくま精機製作所という工場や、そこから歩いて五分ほどのところには、ロケットの先端部分の丸いカーブを手仕事で絞り出す「へら絞り」という技術に特化した北嶋絞製作所の工場がある。ここには、機械には絶対にできない精巧な金属の曲線をつくりだす「神の手の技」をもつ職人たちがいて、それを見学させてもらいに海外の技術指導者や工業製品団体など多くの人々がこの会社を目的地としてやって来る。

しかしどの職人たちも、そんな自分の技術が最先端であるとか世界に冠たるとかいうことを意識しているようには見えない。彼らが大切にしているのは、自分の手の先にあるものがいかに正確で精密につくれるか、ということだけだ。

私はある時期、この京浜島にある工場の経営者たち——といっても、いわゆる作業着姿の社長さんたちだが——に、月に二人ほどの割でインタビューさせてもらう機会を得た。そのときどの社長も申し合わせたように語ったのが、

「私たちは、何をつくろうということはあまり考えないんですよ」ということだった。

「それよりもお客さん（発注元）から『こういうものをつくってくれ』『こういうものができないかね？』といわれて、どうしたらお客さんの要望どおりのものができるか、それだけなんだね、考えることは。そしてひとつ完成すると、先方は『今度はこういうのはどうだろう？』とおっしゃる。するとこっちはさらに工夫を重ねる。つまり常にお客さんに宿題を出してもらってるというかな、その繰り返しなんですね」

かつて機械工業の町工場には「見習い工」という半人前の制度があった。たいていが中学を出たばかりの「若者」とも呼べない少年たちだ。彼らは朝、自転車などで工場まで出勤してくると、まず作業着に着替える。重たいものが落ちても足がつぶされないよう、つま先に鉄板が入った安全靴を履いて帽子をかぶり、着替えたものを自分のロッカーの中に放り込む。自分勝手ができるのはそこまでだ。その先、工場内では熟練工と呼ばれる先輩職人の横で、言われるままに指示を受けて動き回り、ときにその技を盗み見つつ、言いつけられた作業を文句ひとついわずにおこない、なるべく早く仕事を覚える。

見習い工が使える専用の工作機械というのは、基本的にはない。自分専用の工作機械があてがわれたとき、一人前として認められることを意味するからだ。一方、熟練工は自分専用の工作機械を他人には絶対に触れさせず、また他人の工作機械にも同じように手を触れない。機械油の付けぐあいからしてひとりひとり違うし、機械の調整の仕方やちょっとした癖にいたるまでが微妙に違うからだ。

こうした徹底した律儀さと頑固すぎるほどの信念とが、日本風土の中で唯一無比の独創性を生み出し、ひいては職人的な高レベルのものづくりと、崇高なほどの匠の技へと発展していった。

そうした意味でかつてその騒音や悪臭から忌み嫌われ、追いやられた町工場たちの人工島――京浜島は、誇り高きガラパゴスなのだ。ここには多くの日本人が忘れ去ってしまった輝かしい「職人」という名の生態系が、今も静かに生き続けている。

京浜島の工場に描かれたアート

第五章 埠頭という名の巨大人工島 05

波止《はと》から埠頭へ

江戸時代の帆船のころや明治初期までは、人や荷降ろしする港（湊）を「波止」と呼んだ。波止とは、寄せては返す波打ちぎわを船が横付けできる高さにして、船荷の積み降ろしが、波に影響されることなくできるようにした岸壁のことだ。つまり文字どおり「波のない場所」であり、古くは「泊《とまり》」とも呼ばれたが、それがやがて「湊」から「港」へと変わっていった。

だから「波止」という名称はもう過去のもので今は使われていないかというと、実はそうでもなく、長崎県の各離島行き発着場所がある長崎港は、現在も「大波止《おおはと》」と呼ばれている。

同じような言葉に「埠頭」がある。これが定着するのは明治二二年（一八八九）、横浜港が築港され、大型船が停泊する港ではその荷役作業や輸送の重要性が高まり、港が人の乗降だけでなく、物流施設としての役割が大きくなった。そこでより多様な機能を持つ場所全体の呼び名が必要となり、「埠頭」という名称が一般化したのだと思われる。

「埠」の一字は訓読みで「はとば」と読み、意味は波を止める場、つまり「波止場」だ。そして埠頭の「頭」は波止場の先っぽ、ということである。海上からやって来る人とものの流れの重要拠点として、小さな波止ではなく、その先にある鉄道との連携などをふくめた、広い場所としての埠頭が、時代の変化とともに求められるようになったのだ。

特に埠頭の重要性が強く意識されはじめたのが終戦の年、昭和二〇年（一九四五）からだった。GHQ（連合国軍最高司令官総司令部）が東京港を接収し、敗戦で荒れはてた東京の港湾の復興を検討する際、小船が使う小規模な港と貨物などを陸揚げする大規模な港を有効に分割運用して、港湾の戦後復興を急いだのだ。第四章で実業家・浅野総一郎が明治時代、外遊で欧米の港をまのあたりにして大きな衝撃を受けたと書いたが、おそらくこの時代にしても我が国の埠頭はなお、GHQからすれば使い勝手が悪かったのだろう。しかも東京湾岸の港はその多くが空襲で大きな打撃を受けていた。その中でわずかに竹芝、日の出、芝浦の三か所がなんとか使用に耐えうる埠頭として、復興物資をあつかう港の役目を担《にな》い発展していくことになる。

ではここであらためて、埠頭とは何がおこなわれる場所なのかを考えてみたい。その定義としては、第一に船を停泊させる岸壁があって旅客が乗降し、貨物の荷役などをおこなう場所ということ。そして同時に貨物の保管庫や集積場所があって、旅客に対するサービス施設（フェリーターミナルなど）がある場所（区域）。つまりそれらの総称が「埠頭」だ。

さらにその埠頭を大別すると、フェリー埠頭とコンテナ埠頭というふたつに分けられる。

フェリー埠頭とは、フェリーボート（略してフェリー）が使用する埠頭のことで、フェリーは旅客や貨物を運ぶ貨客船のこと。その仲間でカーフェリーと呼ばれるものがあるが、これは文字どおり主に自動車とドライバーを載せて運ぶ船のことだ。

一方のコンテナ埠頭はコンテナ貨物船が使う埠頭で、そこにはガントリークレーン（コンテナクレーン）というキリンのような格好をした巨大クレーンが設置されていて、それをレール上で前後に移動させながらコンテナの積み下ろしをおこなう。そのためコンテナ埠頭はフェリー埠頭に比べてコンテナヤード（貨物の集積場所）が必要な分かなり広く、埠頭周辺はコンテナを陸上輸送するためのトレーラーなどが往来することもあり、埠頭の敷地全体の規模もより大きい。

東京港にコンテナ埠頭が誕生したのはそれほどむかしの話ではない。その第一号は品川埠頭（MAP㊸）に完成したコンテナ埠頭で、昭和四二年（一九六七）、わずか半世紀前の出来事である。

コンテナとはいうまでもなく、さまざまな荷物を運ぶための巨大な鉄製の箱だが、海上輸送用コンテナの場合、一個の長さは六メートル（二〇フィート）×幅二・四メートル（八フィート）というようにすべてがＩＳＯ規格（国際標準化機構）によって決められている。コンテナの長さは二タイプあり、先に書いた六メートルのものを「一個」と数え、その倍の一二メートルのものは「二個」と数える。なぜこのように大きさを決めておくかというと、「セル構造」と呼ばれる貨物船の中の枠や、コンテナヤードにおける陸上輸送トレーラーなどの幅をすべて各国共通にできるからだ。

つまりその意味でも日本は国際基準から遅れていたわけだ。コンテナ埠頭の完成にともない、晴れて日本にも外航船がやって来る。その記念すべき入港船第一号は米国マトソン社「ハワイアン・プランター号」、これは積荷すべてがコンテナ積載の船であった。

品川を皮切りに、以降、昭和四六年〜五〇年（一九七一〜一九七五）にかけて大井コンテナ埠頭（MAP⑭）が完成。さらに平成四年〜一三年（一九九二〜二〇〇一）かけて青海《あおみ》コンテナ埠

埠頭という名の巨大人工島

コンテナを積載した貿易船

頭（MAP㊲）が完成する。この三か所のコンテナ埠頭は「外貿コンテナ埠頭」といわれ、海外からの海上輸送による貨物をあつかう重要拠点である。なにしろ外貿コンテナ埠頭は東京港がおこなう貿易取り扱い高の九〇パーセント以上を担っている。そのため国際物流の要として国の威信をかけ、ことさら大規模につくられている。

コンテナ埠頭とは国際貿易の最先端部であり国の顔だ。つまり港が「波止」から「埠頭」へと発展した歴史は、日本の近代化そのものなのだ。

埠頭の優等生——大井埠頭

埋め立ててもいい海面が目の前にあったのなら、めいっぱい埋立地をつくってしまおう——そう考えるのは人間のあさましさかもしれない。この発想が東京湾をしだいに狭くしていったわけだが、大井埠頭（MAP⑭）とはまさにはそんなあさましさから生まれた土地だ。ここには内陸の都心部にはつくりようもなかった広大な敷地を要する施設が、あたりまえのように大らかに配置されている。

大井は巨大な人工島である。品川区の東側沿岸部に京浜運河を挟んで埋め立てられたその敷地は、運河の南側にある羽田島（MAP⑳）の大きさに迫る広大な面積を有する。

さらに空港のある羽田島が飛行機発着だけの島という単一目的の人工島であるのに対して、大井は埠頭、団地、新幹線の車両基地、貨物ターミナル駅、火力発電所、清掃工場、中央海浜公園、大田市場、東京港野鳥公園……と、そのマルチタレントぶりはあたかも「人工島のデパート」といったところだ。

［右ページ］上空から見た大井コンテナ埠頭

まず、この人工島の最大の存在理由は埠頭である。海外からやって来る膨大なコンテナ貨物を積載した船が入港するこのコンテナ埠頭には、その積み降ろし作業に使う巨大なガントリークレーンが二〇基備えられ、巨大船舶を係留する船席が七バース（貨物の積卸し及び、停泊するために着岸する場所）、その長さは二三五四メートルにおよぶ国内最強の埠頭なのだ。

「大井」という地名を聞くと、多くの人が大井競馬場に直結してしまい、港湾の大井埠頭を連想する人は少ないかもしれない。しかし、そもそも埋め立て人工島の大井がつくられる計画の発端は、品川埠頭をしのぐ巨大な埠頭をつくり出し、将来増加が見込まれる海外からの貨物をここであつかえるようにすることにあった。そして現在、大井は日本屈指のコンテナターミナルとして、取り扱い貨物量も入港船総トン数も圧倒的に東京港で一番の結果を出している。つまり大井はコンテナ埠頭の優等生なのだ。ちなみに付け加えておくと、大井競馬場は大井にはない。京浜運河を挟んだ西側、勝島（MAP⓰）にある。

ところでもともと、大井という人工島は埋め立て造成計画の中で、ひとつの島の中が大きくふたつの地区に分割設定されていた。そのひとつが大井埠頭をふくむ「大井埠頭その1」と、もうひとつは「大井埠頭その2」という区分けだった。「その1」「その2」とは安直な名称に思うが、海面に未だ見ぬ土地を造成していく場合、このような便宜的呼称が付けられる場合が多い。ほかにもたとえば夢の島（MAP❹）は「14号埋立地その1」、新木場（MAP❺）が「14号埋立地その3」、現在もっとも新しく造成している中央防波堤外側埋立地（MAP⓬）も、西側と東側をそれぞれ「その1」「その2」としている。

さて、大井の「その1」は埠頭とそこに付随するコンテナヤード（コンテナ貨物の集積場所）の場所か

［左ページ上］大井埠頭の航空写真（国土地理院）。
中央の巨大な島が「その1」、南東に延びる三角形に似た島が「その2（城南島）」
［左ページ下］大井埠頭にある大田市場

らはじまる。そしてど真ん中の広大な敷地を占めるのは新幹線の車両基地(大井車両基地)だ。JR田町駅付近から分岐する新幹線引き込み線が延びていて、ここまで車両がやって来る。ここでは待機のほか洗車、整備などをおこない、ふたたび本線へと戻っていく。またこの引き込み線の脇を東海道貨物線が並走していて、その広大な敷地の突きあたりは東京貨物ターミナル駅になっている。日本各地からやって来る貨物列車とコンテナが集まる日本最大(面積)の貨物駅だ。

品川埠頭寄りの大井北端には大井火力発電所があり、その横にはお台場や羽田空港などを結ぶ東京湾岸道路の東京港トンネル出入口が、ぱっくりと口を開けている。そしてその隣では品川清掃工場がせっせと品川区のごみを分別・焼却しているのだが、この清掃工場が少し変わっていて興味深い。

敷地内に「清掃作業所」と呼ばれる工場本体とは別の施設があり、ここでは一般家庭でくみ取りされたし尿や浄化槽から出た汚泥の固液分離と脱水をおこない、残った固形物を清掃工場に運び込んで焼却するというシステムができている。

東京都のトイレの水洗化率は高く、だいたい九三パーセントといわれている。残りのおよそ七パーセントがくみ取り式で処理される。つまり「清掃作業所」とは人体から排出されたその七パーセントのし尿を中心に、浄化槽の汚泥もいっしょに処理してしまう施設である。その処理能力は一日一〇〇トン。二三区からくみ取り式で出たし尿や汚泥はすべてこの品川清掃工場内清掃作業所に集まってくるというわけだ。

大井埠頭の東海道貨物線

そんな「大井埠頭その１」の中で、唯一居住地としてつくられたのが八潮《やしお》団地である。昭和五八年（一九八三）に完成した当初は「団地」という言葉が一般的に使われていたためこう呼ばれていたが、現在は「品川八潮パークタウン」という呼び名が一般的になっている。大井の中では、東京湾に面した東側の大井埠頭に対してちょうどその真裏の西側にあり、東京湾の眺望は乏しくなるが、そのぶん京浜運河や都市の風景が目の前に広がる。春になると運河沿いに咲き乱れる桜がみごとで、対岸に首都高羽田線と東京モノレールが走る光景とともに人気となっている。

この品川八潮パークタウンの敷地は「その１」の中では大井車両基地に次ぐ面積を誇り、建設当時は「マンモス団地」と呼ばれた。東京ドーム約九個分、四一ヘクタールあまりの敷地に全七二棟が建ち、その住人は一万二〇〇〇人をゆうに超える。建設された昭和五八年前後といえば日本経済がバブル景気に向かう直前であり、京浜地区や都心に通う多くの人々が八潮で住まいの購入を考えた時代だった。八潮団地は品川八潮パークタウンと名前を変える中で、湾岸ライフの象徴的な集合住宅となった。

そして平成元年（一九八九）、「その１」の南の端に、大田市場がやって来ることになった。都心部に位置し過密化が問題になっていた神田市場（秋葉原）と荏原《えばら》市場（五反田）が統合して移設されたのである。ここでは青果物、水産物、花卉《かき》（観賞用の草花）などをあつかっており、喧々《けんけん》とした活気の築地とはまた違った、穏やかな売り買いの市場である。

さて、「その１」の話ばかりしてきたが、「大井埠頭その２」とはどこなのか？　それは大井埠頭の南の角、半島のように突き出した城南島（ＭＡＰ⑮）という埋め立て人工島が「その２」である。つよ

八潮団地

りここは大井の本体ではなく、独立した別のひとつの島であり、「その1」に入りきれなかった、新たな取り組みをおこなう企業の基地として注目されている。

その新たな取り組みとは、国や都が先導するかたちで廃棄物をリサイクル技術により活用する、資源循環型社会への転換である。たとえば廃棄食品を発酵させバイオガスを取り出して発電利用する食品リサイクル、ほかにも建設混合廃棄物のリサイクルなどに取り組む企業がこの城南島には集まっている。別名「スーパーエコタウン」とも呼ばれるゆえんである。

このように大井埠頭は実に多面的だ。コンテナが山を築く貿易埠頭としての一面、電力生産という産業の一面、車両基地と貨物駅、七二棟のマンモス団地、引っ越して来た市場、リサイクル先進地、そして清掃工場に野鳥公園とまさに多彩、現代を象徴する仕事と社会風景がある。大井埠頭はそんな混在をも包括する、寛容で雄大な人工島なのだ。

コンテナ埠頭に立つキリン

東京湾にはキリンがいる。

港湾関係者は、埠頭にそびえ立つ巨大なガントリークレーンのことをキリンと呼ぶ。赤や白のまばゆい塗装が映えるコンテナ専用の運搬用クレーンのことだが、もちろんその容姿から名付けられた。

コンテナを満載した船が出港していき、一日の荷役仕事を終えて夕日のシルエットとなって物憂げにたたずむその姿は、まさにサバンナに立ちつくすキリンのようだ。

なぜこのようなかたちをしているのだろう？

［右ページ上］大井車両基地と品川八潮パークタウン
［右ページ下］東京港野鳥公園

埠頭に横付けされる貨物船にはコンテナが何段も積み上げられ、しかもそれが何列にも並んで積み込まれている。近年ではおよそ一万個という気の遠くなるようなコンテナを満載してやって来る巨大船もあり、その船上の広範囲に並ぶコンテナの幅は二〇列にもおよぶ。およそ手前のコンテナならば普通のクレーン作業で吊り上げることができるが、岸壁から離れた奥のコンテナまでは通常のクレーンでは届かない。そこでガントリークレーン、あのキリンが活躍する。ちなみに、積載したコンテナ一個の重さは約三〇トンもある。

キリンは長い首を上げた状態が、休んで仕事をしていないときの格好である。首を下げてお辞儀の格好になったときに初めて業務中となる。キリンの首は「ブーム」といい、船上の奥の奥まで自在に動き、そこで吊り上げる機械が働く。さらに埠頭に敷設されたレールの上を移動しながら船首へ行ったり船尾に行ったりできるので、どの場所に積んであるコンテナにもたどり着くことができるわけだ。

埠頭に立つキリンの下から見上げると、首の痛くなる高さだ。全長五〇メートルはある。オペレーション室は地上四〇～四五メートル付近にあり、床がガラス張りになった小部屋である。オ

ペレーターはその空中司令塔の中で、たった一人でキリンを操縦する。そのオペレーターを補佐する作業員が八人、交代要員のオペレーター（二時間一交代制）をふくめ一チームおよそ一〇人。このチーム単位を「ギャング」と呼び、空中司令塔のオペレーターは「ガンマン」と呼ばれている。その呼び名と仕事がいかにもアメリカ的だ。

コンテナにはすべて「マイナンバー」があり、そのコンテナは世界にひとつしかない。ゆえにどのコンテナをどこに積むか、どこに降ろすかは事前に設計されている。キリンの使い手はこの設計どおりに取り出してコンテナヤードのどこに置くかを、的確かつスムーズにおこなうことが要求される。

貨物を積んだ船舶が入港する埠頭には、どこにでもこのキリンがあるというわけではない。一基およそ一〇億円もするという非常に高価な装置であり、それ相応のコンテナ量を取り扱う埠頭でなければ設置しても意味がない。東京港全体では三か所のコンテナ埠頭に現在三六基あり、そのもっとも多く設置されるのが大井コンテナ埠頭の二〇基、次いで青海コンテナ埠頭が一二基、そして品川コンテナ埠頭の四基となっている。

物流の量は年々増え続け、近い将来コンテナ貨物一万四〇〇〇個というメガ級大型船が入港するようになるといわれている。そうなれば埠頭は貨物量をさばくためにどんどん巨大化を余儀なくされていく。東京湾のキリンは今後もその雄大な姿を増やし続けていくだろう。

変幻自在の埠島――豊洲

豊洲（MAP㉙）はおよそ八〇年前に埋め立てによってできた人工島である。もともと浅瀬の洲だっ

［右ページ］品川埠頭のガントリークレーン

たところに、大正一二年（一九二三）関東大震災が起き、有明（ＭＡＰ㉛）、東雲《しののめ》（ＭＡＰ㉚）などとともに東京中の瓦礫の処分地となり埋め立てがはじまった。昭和一二年（一九三七）に造成が終わり、豊洲と名付けられた。文字どおり豊かな島になるようにとの願いが込められ誕生した人工島であった。

現在六丁目まである豊洲だが、最初に誕生し、長らくその名で呼ばれてきたのは一丁目から四丁目、塩浜（ＭＡＰ❼）と枝川（ＭＡＰ❽）との対岸、東側の部分のみであった。これで一旦は島として完成されたのだが、その先の海面が空いていたものだから、そこから土地を延ばしてより大きな島にしてしまった。これが豊洲の五丁目、六丁目で、なにかとお騒がせの豊洲市場がある場所である。

豊洲六丁目にゆりかもめ（東京臨海新交通臨海線）の駅「新豊洲」があるのは、まさにそこが新しく誕生した土地だということを示している。

さて、昭和一二年に豊洲ができ上がると、東京石川島造船所が建設され、工場および作業員の宿舎なども建てられる。これが昭和一四年（一九三九）から一八年にかけて。場所は現在の豊洲二丁目近辺である。しかしこのときすでに日本は戦争の時代に突入。戦況が悪化する中で昭和二〇年（一九四五）一月、造船所は空襲を受けて壊滅、その後も二度にわたり豊洲をはじめ江東区一帯は空襲を受ける。

終戦、そして戦後復興の中、豊洲もまた戦時下で中断していた周辺の埋立地とともに、昭和二三年（一九四八）に造成が再開される。そんな復興のシンボルのように完成したのが、戦後東京のエネルギー基地として待ち望まれた豊洲石炭埠頭であった。五年後の昭和二八年には、越中島（ＭＡＰ㉒）か

ら豊洲石炭埠頭までの約二五九〇メートルの臨港鉄道・深川線が開通、豊洲は陸海を繋ぐ物流の先端となる。これは石炭エネルギーが石油エネルギーに交代するまで続いた。

その後、敗戦国の日本が世界と肩を並べるまで国力を伸ばす高度経済成長期を迎えると、豊洲は工業地として重宝されるようになる。都市中枢部に隣接しながらも、運河を隔て更地が存在するのは実に好都合だった。東京ガス豊洲工場や東京電力火力発電所は、豊洲六丁目の広大な敷地を利用して建設された。

こうした工業地帯のそばに、一九七〇年代になると民間の高層マンションが建ちはじめる。これもまた、土地の広さゆえに可能だった。首都圏の利便性が都市部を拡張していくように、豊洲は職と住が混在する島の様相を見せるようになってくる。

しかし昭和六三年（一九八八）に臨海部副都心開発基本計画が発表されると、豊洲は晴海とともに再開発地と指定され、エネルギーと重工業のイメージは消されていくことになる。港湾物流施設の移転や企業活動の停止と縮小などがおこなわれ、豊洲はあきらかに今までとは違う土地に生まれ変わろうとしていた。そして年号が代わり平成を迎えると、しだいに企業の移転がはじまり、穴ぼこのように空いた抜け地には次々にタワーマンションが建ち、商業施設の進出がはじまった。

居住人口がかつての数倍にもなった平成一八年（二〇〇六）には、石川島播磨重工業の第一工場跡地の場所にショッピングセンター「アーバンドックららぽーと豊洲」や東京ガス豊洲工場の跡地には「がすてなーに ガスの科学館」が誕生した。こうして豊洲は、都市型の複合市街地をめざす新しい巨大埠頭として大変革を遂げた。まさに豊洲の八〇年の歴史には、激しく変貌を遂げた東京のすべてが織り込まれているといっていい。

［右ページ］上空から見た豊洲六丁目（タテの道は有明通り）

さらに、豊洲には次に築地市場が移転してくる。豊洲移転が平成一三年（二〇〇一）一二月に決定して一五年が経った今、いよいよ豊洲市場の開場間近となっていたその矢先、東京都による汚染土壌の改良工事に関しての不始末が生じ、平成二八年の開場は不可能となった。もしこの豊洲市場がスタートするときが訪れるとすれば、国内外から来る人々の東京観光のハブ（アクセス上の結節点）として、年間四二〇万人がこの地を訪れるという。市場を中心とする新たな豊洲は、臨海部の都市と商業空間をどう変えていくのだろうか。

マニアの聖地は今——晴海《はるみ》

銀座からバスに乗り、晴海通りをひた走るとやがて魚市場を感じさせる築地のにぎわいとなり、どこからともなく線香の香りが流れてくればそこは本願寺に近い。古くさいが重厚感あふれる勝鬨《かちどき》橋を越え、埋立地の月島（MAP㉕）の街を突き進むと、直線の道はほんの少しだが丘のような高低を越える。その果てに黎明《れいめい》橋を渡ると、そこからもう晴海（MAP㉘）だ。

豊洲が大正時代後期から工業地を視野に入れて開発されたのとは違い、晴海は埋め立て当初から居住地や文化施設など、工業地以外のものを配置する構想のもとにあった。なぜならここは、東京の中枢部に近いという、この上ない利便性を見込まれていたからだ。

そんな輝かしい未来を期待され、晴海は明治時代中ごろから昭和にかけて、隅田川河口の堆積土砂を掘り起こして埋め立てられ、昭和四年（一九二九）に完成した人工島である。

しかし、とりわけ昭和生まれの東京人にとって、晴海といえば東京国際見本市会場ではなかったか。戦後の東京にこの巨大施設がイベント会場として熱望され、そしてつくられたのは昭和三四年（一九五九）。以降「晴海・イコール・国際見本市」はまるで同義語のようになったといっていいはずだ。

見本市会場ができる以前の昭和一五年（一九四〇）、この地では日本初の万国博覧会が予定されていた。しかし昭和一二年に日中戦争が起き、続いて昭和一四年には第二次世界大戦が勃発。その開催が見送られた。つまり晴海には戦前より、その広い敷地を利用した催し物会場としての資性があったといえよう。

そして「晴海・イコール・国際見本市」のイメージが定着したのは、なんといっても「東京モーターショー」の開催だろう。これはもともと、昭和二九年（一九五四）「全日本自動車ショウ」という名称で日比谷公園を会場としてはじまり、第六回より晴海の東京国際見本市会場が舞台となった。昭和三九年（一九六四）の第一〇回から「東京モーターショー」に改称。入場者数も一〇〇万人を突破するビッグイベントへと成長する。

これはほぼ同時期、昭和四一年からはじまった富士スピードウェイでのカーレース「日本グランプリ」の盛況と相まって、日本のモータリゼイションの隆盛を育み、「東京モーターショー」はいよいよ晴海の代名詞となっていく。

ただし同時に、日比谷や銀座から晴海通りを一直線。これほど便利で近いはずの晴海は、その都会さゆえの悩みもかかえた。

大きなイベントが催されるとその会期中、有楽町から晴海までの晴海通りは大渋滞を余儀なくされ、銀座を中心に交通の大混乱をきたしたのだ。また、晴海には当時も今も鉄道の駅はなく公共交通機関

CEDRIC DELUXE
PRINCE SKYWAY
SKYLINE
HILLMAN
ISUZU ELF
HILLMAN ELF

といえばバスのみ。会場とバス停を結ぶ道には当然屋根などなく、突然雨などが降ると人々はずぶ濡れになって歩くしかなかった。

こうした不快な思いをした人たちのだれかが言いはじめたのか、この地はいつのころからか「晴海島」と揶揄されるようになる。晴海は埋め立て番外地、「孤島」だということだ。

しかし、そんな「孤島」であることが幸いするムーブメントもあった。今や世界最大といわれる同人誌即売会、「コミケ」ことコミックマーケットである。コミケは昭和五〇年（一九七五）に虎の門の日本消防会館会議室を皮切りに、四谷公会堂、川崎市民プラザ、横浜産貿ホールと会場を点々として続くが、これは回を重ねるごとに参加サークル及び来場者がふくらみ、どこも手狭になっていったからだ。それが昭和五六年（一九八一）、晴海の東京国際見本市に会場を移したことで一気に爆発する。

それは建物の巨大さと並んで、なによりこの晴海という地が「孤島」であったからだ。マンガ、アニメのファンというものは、自分たちの趣味志向が一般の人からはなかなか受け入れられないというコンプレックスをかかえつつも、しかしその文化は崇高であると信じる誇り高き民である。ゆえに東京のほかの地域が「俗界」であるならば晴海は「異界」、選ばれし者たちに与えられた「約束の地」だったのだ。

運河を一本渡ってしまえば自分たちだけの空間。コミケはそんな晴海を舞台に五年間続き、昭和六一年から翌六二年までは平和島（ここも人工島だ）にある東京流通センターに移るものの、昭和六三年（一九八八）からは再び晴海へ戻り、平成元年にはいよいよ参加者数が一〇万人を突破、一旦は幕張メッセに移ったものの平成八年（一九九六）春まで三度《たび》晴海へと代わって続いた（平成八年夏より、同年完成した有明の東京ビッグサイトに移り現在にいたる）。

[右ページ上] 晴海の高層ビル群
[右ページ下] 晴海でおこなわれた第7回全日本自動車ショウ（1960年・共同通信）

ともあれ、コミケに会するオタク族やモーターショーに集うカーマニア以外にとっても、晴海は長らく憩いの場であり続けた。なにしろ都心からわずか二〇分で行ける海なのだ。

ほかにも、かつては住宅展示場や家具組合の大型ショールームであるジャパン・ファニチャーセンター（一日で見きれないほど巨大だった）、客室数九七九室の巨大ホテル「東京ホテル浦島」などが鎮座していた。国の成長が著しくその繁栄を謳歌するように、晴海はなにもかもがやたらと大きく、その規模を持て余しているようにも見えた。

しかしそれもこれもすべて、一九九〇年代から遅くとも二〇〇〇年代初頭までの話。そのようにつくり出されたものたちは、今はもうない。東京国際見本市会場も、その場にともにあった国際貿易センターも、公団住宅の先駆けだった晴海団地や家具組合の巨大ショールームも、そして東京ホテル浦島も消えた。なにもかもが、平成の世となり再開発で一掃されていった。

晴海という島は、都市部の意向をいやおうなく映し出し、変わり身のすばやさで即応する。国際貿易センターの跡地には、「中央地区清掃工場」とそこから出るごみ焼却余熱を有効利用する「ほっとプラザはるみ」が建ち、晴海団地の跡地には商業施設「晴海アイランド・トリトンスクエア」がすでに進出している。

そして二〇二〇年、東京オリンピックがやって来る。その選手村（ベッド数一万七〇〇〇台を要する）が建設予定の晴海五丁目はあの東京国際見本市会場があったまさにその場所であり、大会後には五六階建ての超高層ビルも建設される。選手村として使用した宿泊棟と合わせて、五六五〇戸を分譲マンションとして販売することがすでに決まっている。

変わり身の早い東京で、これから晴海はいったいどんな景色を描き出してくれるのだろうか。

［左ページ］品川埠頭に停泊するRORO船

品川埠頭のＲＯＲＯ船

ＪＲ品川駅を降りて駅ビルのアトレ品川を港南口に出る。そこから北東に進み新港南橋、そして港南大橋を渡ると、道は京浜運河を越えて品川埠頭（ＭＡＰ㊸）へと入っていく。

この品川埠頭という人工島は、ひとつの島だが品川区と港区に二分されている。それで名称としては品川埠頭であり、「港（区）埠頭」というものはないのだから少々ややこしい。ただし北寄りの行政区は港区で、ここは雑貨をあつかう埠頭。そのほかが品川区に属し、こちらはガントリークレーンを有するコンテナ埠頭というように、用途別にはきっちりと区別されているのだから、ここで働く人にとってはそれなりの整合性があるのだろう。

ところで、埠頭では巨大なガントリークレーンでなんでもかんでもコンテナを積み降ろしするのかというと、それは違う。何千個というコンテナを積んで入港するコンテナ船は基本的に外国貿易の船で、それにはガントリークレーンが必須だが、貨物船というのはコンテナばかりを積んで運ぶ船だけではない。

ＲＯＲＯ船という貨物船をご存知だろうか。船の前と後ろに入口があり、岸壁に船から橋（ランプウェイ）を渡してトラックやトレーラーなどが乗り（ロール・オン）降り（ロール・オフ）できる船である。ゆえにその英語の〈ロール・オン／ロール・オフ〉を略して「ローロー・せん」と呼ばれる。

このタイプの船の場合、トレーラー、フォークリフトが船の中まで自走して貨物を積んだり降ろしたりできるので、クレーンに頼る必要がない。フェリーも同じような船だが、

埠頭という名の巨大人工島

その違いは旅客を乗せるか乗せないか、と考えるとわかりやすい。ＲＯＲＯ船は旅客を乗せず貨物輸送に特化しているため、窓がないのが特徴だ。

品川埠頭を基地とする栗林商船という海運会社がある。この会社では北海道から大阪を行き来するＲＯＲＯ船・神明丸を運航している。神明丸は全長約一六〇メートル、全幅二六メートル、排水量一万三〇九一トンと巨大で、岸壁の真下に寄ると、船体の黒い塗装部分がこちらに覆いかぶさってくるような威圧感がある。

早朝の品川埠頭北岸壁に、苫小牧《とまこまい》から釧路と仙台を経由してやって来た神明丸が入港すると、船首と船尾の二か所のランプウェイから貨物の積み降ろしがはじまる。

神明丸に積まれていたトラックはそのままエンジンをかけ船外に自走していき、トレーラーは運転席のある動力のヘッド部分のみが船内に乗り込んできて貨物を積んだシャーシ（トレーラーの後ろ部分）に接続され、瞬く間にランプウェイを通って地上に運び出されていく。シャーシなら一五〇台をこの船に積むことが可能だ。

北海道からやって来る貨物は一般的に建築材や飼料が多く、品川埠頭から向かう大阪にも建築材と産業機械などが多く積まれる。この日、すべての貨物を載せ終えたあと、最後に特大の農業用トラクターが一台、船員みずからが自走でランプウェイを走らせて船内に載せ、神明丸は大阪港に向けて出港した。コンテナ船がコンテナ埠頭でかかる荷役時間と比べたら、ＲＯＲＯ船のほうが飛躍的に速く、そして積み降ろしの動きもスマートだ。

ＲＯＲＯ船は品川埠頭にかぎらず国内各地の埠頭、そしてクレーンが未整備の小港湾でも、近海航路での物流の主流として今日も優雅に海を渡っている。

RORO 船「神明丸」

第六章 不夜城工業地帯と物流の島々

06

眠らない東京湾の離れ島

かつて、東京は眠らない街といわれた時代があった。それは歌舞伎町や六本木のような繁華街であったり、都心の灯りがひと晩中消えることがないことから付けられた呼び名だったはずだ。けれど、近ごろそんな言いかたはほとんど聞かない。都心にかぎらず首都圏から遠く離れた地方都市でも深夜のにぎわいはそこそこあり、国道沿いの飲食店やコンビニエンスストアは真夜中もたいてい開いていて、終夜営業の商業施設は昼間のような照明で客を迎えている。もう夜は、すべての人が眠りにつく時間ではなくなった。

私たちの生活が二四時間化し、昼夜なく起きている人が多くなったのはどうしてなのか。その根底にあるのは、おそらく国民の生産力を背景とした豊かな電力消費や可処分所得の増大だ。コンビニエンスストアが現れて大量に店舗を増やし、深夜には終わるはずのテレビやラジオの放送時間枠が取り払われ、ひと晩中電波が流されるようになった。このふたつが、日本人の生活時間帯を二四時間化させたといってもいい。

こうした我々の二四時間化した生活を陰で支えているのが、実は東京湾の人工島群である。街なかから遠く離れた東京湾の臨海部有明（ＭＡＰ㉛）。ここにヤマト運輸東京物流システム支店という巨大な建物がある。時刻は二三時、大型トラックが次々とこの建物に入ってくる。その日夕方までに都内各地区で集荷された宅配荷物が運ばれてきているのだ。ここの営業時間は平日、土日、祝日ともすべて二四時間営業、三六五日一寸たりとも休まずぶっ通しで稼働している。

物流、私たちは今日、この便利さを享受して暮らしている。物流がなければ生きていけないといっても過言ではないはずだ。アマゾンでの買い物も知人から送られてくる贈答品も、取引先へ送る急ぎの書類も旅先から自宅に送った荷物も、ちゃんと到着するのはすべてこの物流のおかげである。「もの」が、あるところから必要な場所に、必要とする数量が送り出される、この一連の流れを物流という。したがって「もの」がある場所から消費される場所にただ送られる「流通」とは、意味合いが少しだけ違う。

昭和三九年（一九六四）の東京オリンピックを境にして、日本はめざましい経済成長をはじめるが、当時は個人間でものを送る場合、ふたつの方法しかなかった。郵便局で小包として出す方法と、鉄道駅（国鉄）から出す鉄道小荷物の二種類である。今では一般的でなくなってしまった「小包」や「小荷物」だが、当時は品物を送ったり受け取ったりするためには、ごくあたりまえの方法だった。なにしろそれしかなかったのだ。

ところが昭和五一年（一九七六）一月、突如登場したのが、クロネコヤマトの「宅急便」である。これはヤマト運輸（当時の名称は大和運輸）の二代目経営者・小倉昌男による、「送った翌日に先方に届く」を理念とした民間初の個人向け小口貨物配送サービスであり、当初は

湾岸に面した
有明のヤマト運輸東京物流システム支店

関東一円のみであったが同年五月からは遂次全国主要都市へと拡大しはじめる。

郵便小包などに対して割高感はあったが、時代の要求はそれを上回ったのだろう、昭和五六年には月間の取り扱い数が一〇〇〇万個を突破。翌昭和五七年に商号をヤマト運輸株式会社と改称、スキー宅急便、ゴルフ宅急便とレジャー時代のニーズも確実に具現化し、昭和五九年（一九八四）にはその年度総取り扱い数一億個にまで拡大した。この動きに「飛脚のマーク」の佐川急便や「カンガルー便」の西濃運輸が追随し、この国には宅配事業という新たな物流システムが確立した。

こうした物流会社の基地はたいてい東京湾岸の離れ島にある。それはなぜか？

先に書いた江東区有明にあるヤマト運輸東京物流システム支店の場合、この場所から有明埠頭橋を渡った有明フェリー埠頭（MAP㉜）には、二つのフェリーターミナルがあり、船舶を使う荷物輸送にはすこぶる便利だ。また、ここからは首都高湾岸線の有明出入口が近く、羽田空港や成田空港へのアクセスもいい。湾岸沿いに走る道路は都心部の交通渋滞を避けるという点でも地の利がいい。「もの」をディストリビューション（分配・配送）させる物流基地としては、滞りなく荷物が予定どおりの時間で運ばれることが至上課題なのだから、その点でいえば陸・海・空すべての輸送モードを利用できる東京湾の離れ島は、どのアクセスに支障が起きてもそれを回避できる能力が高く、実に考え尽くされた立地にあるといえる。

物流会社とは、「もの」を管理しながらそれを受け手に予定どおりに送り出すのが仕事である。「もの」の流れを滞らせるリスクを計算に織り込みながら、迅速な配送に腐心することもさることながら、顧客からやって来る仕事は昼夜関係なく、そのニーズには二四時間対応する。物流会社に、眠る時間はない。

東京湾岸にはまだまだ眠らない施設がある。たとえば石油化学コンビナートだ。川崎の工業地帯や千葉県の市原《いちはら》、袖ケ浦《そでがうら》の湾岸では、コンビナートが深夜も水蒸気や煙を吐き出し続けている。ここは人影こそ夜の屋外では見あたらないが、コントロール室を中心に昼夜なく人々が働いている。

そんな石油化学コンビナートは、なぜ運河をはさんだ人工島や半島型の埋立地など、東京湾岸に集中してあるのか？　答えのひとつは、火災や爆発の恐れのある危険物をあつかう工場は、居住地域からできるだけ離してつくるべきという鉄則があるためだ。もうひとつは、タンカーが着港できる港やシーバース（海上に設置したタンカー専用の桟橋）が近いからだ。それにともない、細かい作業をおこなう小船が可動する運河も、人工島や半島型の埋立地なら建設しやすい。

さらに企業構造上もっとも肝心なことは、埋め立てた広大な土地であれば、石油化学コンビナートとしての使い勝手がいいということだ。そもそもコンビナートとは生産のための集合体のことをいう。つまり石油化学コンビナートであれば、その中心となる石油精製工場で石油ガスやナフサ、ガソリン、灯油、軽油、重油など石油製品がつくられ、その工場近くに精製過程から出るさまざまなものを使って別の製品をつくりだす生産工場を、パイプラインで連結してつくっている。

たとえば精製過程から化学薬品が出たら、それによって医薬品をつくったり化学肥料をつくる工場は、できるだけ近い場所にあったほうが都合がいい。わざわざトラックや貨物列車に乗せて運ぶより、パイプラインによって送られるほうが圧倒的に効率はいいし経済性から考えても安く上がる。だから

[右] 本牧埠頭付近の石油化学コンビナート
[左ページ] 眠らない街・横浜新港の赤レンガ倉庫

重油を大量に消費する火力発電所も、パイプラインで直結できるコンビナートの近くに建てられることが多い。

このように、コンビナートとはさまざまな関連生産工場が連結して構成されるものなので、すべてがひとつの区域の中で完結しているほうが、防災・保安、企業運営の点から管理しやすい。

六時間四交代制で、二四時間休むことなく働き続ける石油精製の現場。主に中東からやって来るタンカーの入船にも、昼夜の区別はない。ここも物流と同じく、都市と人々の活動があるかぎり、ひときも眠ることのできない東京湾の離れ島なのだ。

羽田クロノゲート

たとえば瀬戸内海あたりにありそうな、ひとつの小さな島を想像していただきたい。

その島には漁船に毛の生えた程度の定期船が一日三便、対岸の町との間を結んで行き来している。島民は中高齢者が大半で、男女およそ半々の四五人。とても小さなコミュニティだ。ほぼ全員が野菜と果実をつくり、対岸の町に出荷するのがこの島の唯一の産業である。専業漁師はいないが、若いころ漁師だった人たちは余暇におこなう遊びの釣りで、思いもよらぬ大漁となった日などには島内全員に分けて配り、それでも余れば町の魚屋へ送って売る。

こういう島を考えてみると、そこには物流というものの「原初」がわかりやすく表れていて実に興味深い。

島では出荷前日の夕方、明日の収穫野菜について町の市場と電話で連絡を取りながら出荷物と出荷数を決める。こんな小さな島で品物や出荷数がかぎられロットが小さくても、こうしたことはきちんとおこなわれている。早朝から収穫された野菜が各家で洗浄とサイズ分けがおこなわれ、それぞれの大きさの箱に収納されて、青果組合まで一輪車やリヤカーなどで運び込まれる。その後、予冷庫で一時間ほど冷やされ出荷まで待つ。

小中学生たちの通学時間に合わせ、朝一便の定期船は午前七時半に出港する。その一〇分前になると、予冷庫前には運搬用の荷台を付けたトラクターがやって来て、出荷する野菜を定期船乗り場まで運び、船尾の荷物積載場所に積みこむ。島がする仕事はそこまでだ。その後、野菜は到着港から引き受け手まかせとなる。

これが、そもそも人の手でおこなう物流というものの、もっともプリミティヴで基本的なかたちといえるだろう。

昭和三〇年代ごろ、未来の都市を描いた少年向けSF小説には、ビルとビルを繋ぐ何本もの透明チューブの中を、乗り物が高速で行き交うという空想画がよく載っていた。それはすべてがスマートに自動化され、衝突も横転も起きず、排気ガスも騒音もない、そんなインテリジェントな未来の姿を予言されたようで、子ども心は夢で膨らんだものだ。

そんな空想画のような近未来を現実化した物流施設が、羽田空港のすぐそばにある。ヤマト運輸グループが運営する日本最大の物流施設、「羽田クロノゲート」である。

この施設は一〇万平方メートルという広大な敷地に建つ。敷地はもとはといえば大型ポンプなどの製造をおこなう荏原《えばら》製作所羽田工場があった跡地だ。海老取川を挟む羽田空港埋立島（MAP⑳）の対岸に位置し、この一帯は羽田空港が人工島としてつくられる前には海岸部だった場所である。さらに

羽田クロノゲート外観

時代をさかのぼれば多摩川河口部の土砂の堆積地で、そこを埋め立てた土地でもある。

ところでこの「クロノゲート」という名称だが、ヤマト運輸の施設なので商標にもなっている「クロネコ」からという連想をする人も多いだろうが、実は違う。これはギリシャ神話における時間の神「クロノス」と、門や出入り口を意味する「ゲート」を合わせた造語だ。つまり神にあやかった時間の短縮と、日本と海外とのゲートとなることを目標として名付けられている。この「羽田クロノゲート」では何がおこなわれているのだろうか。

冒頭で、小さな島の小さな物流とは、朝摘みして取った野菜が狭い島内で箱詰めされて商品になり、それがさまざまな運ばれかたをして、最終的に約束の時間に目的地の市場に運ばれる流れのことだと書いた。この「もの」の流れを日本全土に置き換え海外をも視野に入れ、最先端まで高能率化させたらどういうものになるか——ということを具現化したのがこのクロノゲートなのだ。いわば宅配便の根幹巨大集積地である。

羽田クロノゲートは七階建て、装飾性を排除したクールなその外観は、湾岸に置かれた巨大な箱のようだ。一階部分にはトラック一〇〇台以上が一度に押し寄せても着車できるバース（入車スペース）があり、そこには圧倒的な数量の宅配荷物が、まさに押し寄せるがごとく運び込まれる。

ここで仕分けする荷物は一時間に四万八〇〇〇個、一日あたり六〇万個にもなる。配送範囲も配送距離も当然あの小さな島とは比べものにならないほど巨大で、あつかう品も多種多様だ。そこで羽田クロノゲートには「マテリアルハンドリング」、通称「マテハン」と呼ばれる無人化システムが導入されている。

まずトラックから降ろされた荷物は幅一メートル、高さ二メートルほどのカーゴ（代車付きのカゴ）

［右ページ］芝浦埠頭のループ橋

に移され、それは地面のローラーに乗せられ運ばれる。次に荷物はロボットアームで、一部人力でベルトコンベアに乗せられるのだが、「マテハン」が威力を発揮するのはここからだ。

高速で流れるコンベアの上には赤外線センサーが備え付けられ、それが「仕分けコード」と呼ばれるいわば郵便番号のようなものを読み取り、自動的に次々と仕分けされ、枝分かれした行き先別コンベアへと振り分けられる。ちなみにこの赤外線センサーは全方向から当てられるので、伝票が箱の上部に付いていても横に貼ってあっても読み取り可能だ。

行き先を読み取ってもらった荷物は行き先別のコンベアに合流するのだが、「マテハン」のベルトコンベアは長さ一メートル幅六〇センチほどのパネルの集合体でできていて、荷物はセンサーに反応し、そのパネル一枚だけに乗るようシステム化されている。つまり荷物同士は決してぶつからないで流れる構造になっているのだ。これはまさに、かつてSF小説に描かれた空想画の透明交通チューブである。

しかし、そんなクロノゲート内部の風景を眺めていても、なぜか瀬戸内海の小島の光景を思い浮かべてしまう。仕分けという手仕事と、荷物が降ろされそして積み込まれる作業、さらにそれを運んでいくという仕事。この基本は小島の小さな波止場も最新技術「マテリアルハンドリング」もやはり変わらない。

物流とは、人と人を繋ぐこと。私たちは「もの」を通して、遠くの人と繋がって生きている。羽田クロノゲートの広大な無人空間は、逆説的だが私たちに人と人との繋がりを教えてくれる。

海に浮かぶ緑の製鉄所――扇島

川崎市川崎区にある東扇《ひがしおうぎ》島（MAP㊽）と扇島（MAP㊾）。多摩川と鶴見川の間にある、京浜工業地帯沖合に位置する埋め立て人工島で、京浜運河を挟み川崎工業地帯全体をガードする巨大堤防のごとく横たわっている。

同じ東京湾にある人工島でありながら、よく話題にのぼる月島や夢の島とは違いあまり耳にしないのは、そもそもほとんどの人がその存在を知らないからだろう。なぜ知られていないのかといえば、一般の人はほとんど行く必要がない場所であり、また実際に行く方法がなかったりするからだ。しかもこの島には立ち入り禁止という区域もある。

まず東扇島だが、この島には倉庫と物流会社、火力発電所、ＬＮＧ（液化天然ガス）基地、オイルタンク基地しかないので、その仕事の関係者以外はまず行くことがない。したがって、多くの人は興味がなく知らなくて当然だろう。

ただし、この島もよくよく探してみれば公園が島の東西に二か所あり、川崎駅などからの路線バスも走っているので、ごく普通に島に入ることはでき、島内を歩きまわることも可能だ。また、川崎区千鳥町（MAP㊻、ここも埋め立て人工島だ）にある「ちどり公園」から川崎港海底トンネル（車道）が東扇島まで繋がっており、それに沿って一二〇〇メートルの海底歩道があるので、海の底を歩いて東扇島へ渡ることもできる。

一方、東扇島の西岸に並ぶように位置するのが扇島である。面積五〇〇万平方メートル、東京ドームに換算すると一二〇個分の大きさになる。

ここはきわめてガードが堅い。というのも扇島は一部に東京ガス工場、石油貯油所、太陽光発電所がある以外、そのほぼすべてがJFEスチール東日本製鉄所の敷地で、関係者以外は完全に立入禁止となっている島だからだ。各通用門にはその告知と、構内撮影禁止の表示がよくわかる場所に掲げてある。

JFEスチールは平成一五年(二〇〇三)、日本鋼管と川崎製鉄が統合して生まれた超巨大企業である。それまで扇島と京浜地区一帯を占めていた日本鋼管京浜製鉄所と、千葉地区の川崎製鉄千葉製鉄所の二つが合体して東日本製鉄所となった。製鉄とは重工業の要であり、国家的事業ともいうべき重要な産業だ。つまりここで生産された製品が、この国をつくってきたといっても過言ではない。

そんな重要な産業であるがゆえに、簡単には表に見せてしまってはいけない部分もあるのだろう。この島のど真ん中を東京湾岸道路(高速湾岸線)の橋梁《きょうりょう》がみごとに貫通しているが、その高速道路から扇島に降りる出口はいっさいない(東扇島は「東扇島出入口」があって入出可能)。その上、なぜか道路からは工場の建物が見えにくい。

しかし、このように日常的には外部をシャットアウトしているJFEスチールだが、若葉萌えいでる新緑のころ、一年に一度だけその工場敷地を市民に開放する日がある。その一日は「ふれあい祭り」と呼ばれ、鶴見線と南武線の浜川崎駅からすぐの渡田地区にある、同社の社有地を会場におこなわれる。

近隣住民や社員家族など多くの来訪者が飲食や抽選会、ライブ、キャラクターショーを楽しむ中で、圧倒的人気を誇るのが扇島・工場見学バスツアーだ。これは予約の順番待ちから長蛇の列となり、一回で四〇人近く乗車できるバスが、一日を通しておびただしい回数で走りまわ

[右ページ]扇島、東扇島付近の航空写真(国土地理院)
[左]JFE ふれあい祭り

るのである。

この工場見学バスツアーがここまで人気なのは、日ごろは絶対に見ることができないＪＦＥスチール東日本製鉄所の敷地内に入り、さらにはその深奥部、我が国最大の厚板圧延機《あつえんき》（プレートミル）の工程が見学できるからだ。

こういう現場というのは、ひとつまちがえると産業スパイの温床にもなる。私が参加したときも、バスは企業構内にしては少々速く走り過ぎるようにも思え、まちがってもよけいな場所に停まったりしなかった。ただ唯一、二基ある高炉の片方から、高温で液体状となった銑鉄《せんてつ》の取り出しが見えたときには、見学案内人はわざわざバスを停止させ、通り過ぎてしまったその場所まで車を後退させ説明をこころみた。

銑鉄とは高炉で生産される粗製の鉄だ。つまり製鉄所にとってはまさに鉄づくりの第一歩であり、高さ一〇六メートルもある大型高炉の下からオレンジ色になって溶け出してくるそのさまは、製鉄所の象徴である。だから案内人はバスを一度後退させてまで見学者に見せたかったのだろう。その表情もまた心なしか誇らしげに見えたものだ。

この高炉は止めて休ませることができないカーボンレンガというものを使用している。これは一度冷ましてしまうと機能を損なってしまうので、一旦高炉に火が入ったら、いつか操業を止めるときまで基本的にはずっと使い続けなくてはならない。だから高炉は昼夜関係なく稼働され続け、関わる従業員も四組が三交代制で働き続ける。そう、この扇島の製鉄所もまた決して休むことなく、眠りにつくことのない人工島なのだ。

こうして初めて足を踏み入れることのできた扇島は、シイの木などの大木が数多く林立する緑豊かな島だった。しかしこれらは自然に生育したものではなく、昭和四九年（一九七四）に埋め立て人工島として完成したあとからの、長い企業努力による植樹活動によってでき上がったものらしい。およそ八〇万本もの木が植樹されたといわれる。工場のまわりは木立に覆われ、島の海岸部も防潮林帯のようにぐるりと取り巻いている。先に高速道路からは工場の姿が見えにくいと書いたが、それはこの木々のためだったのだ。

豊かな木々がまわりを取り囲み小鳥がさえずっていても、建物やその周辺には、毎日鉄をあつかってきた錆色《さびいろ》が深くしみつき古色をたたえていて、その光景はまるで『天空の城ラピュタ』、別世界に迷い込んでしまった気さえする。

見学の最後は、いよいよ扇島の深奥部にある圧延工場に入る。我が国最大の、厚板圧延機が設置されている場所だ。圧延工場は巨大な建物で、天井の高さは一〇階建てビル相当の高さがある。建物内の端から端までは、これまた一〇〇〇メートルもあるという。厚板を流していく作業工程上、こうした長大さが必要なのだ。金属が温まって乾いたような独特の熱気臭がする。

ゴロゴロと音を立てローラーの上を流れてくる、芯までオレンジ色に燃える約一二〇〇度のぶ厚い厚板。その身体に響く重量感あふれる騒音の次には、プシュープシューという豪快に液体を吹きつける音がする。同時に、あたりにはすさまじい水蒸気が立ちのぼる。圧延機が厚板表面の酸化不純物を洗浄しているのだ。オレンジ色の銑鉄が発する熱の温度が、見ているだけでこちらに伝わってくる。厚さ二〇センチあった厚板は、この圧延工程を経て一センチまでの厚みへと延ばされていく。ここでつくられているのは、船、橋、タンク、ビルの鉄骨などだという。

扇島はシイ、カシの木が多い

チャージングクレーンという巨大なクレーンが工場内を動く。しかし機械を操作しているのは別な場所で、見渡すかぎり作業をしている人はほとんど見あたらない。広大な建物の中、真っ赤な厚板だけがまるでみずから意思を持ったように音を立てて動き続けていた。

工場夜景ミュージアム

かつては「隠す」場所だった。コンビナート全体にめぐらされた大小曲折の配管、錆色に汚れた武骨で無機質なパイプラインの中に建つ工場、奇妙なかたちの構造物、銀色の輝きを失い随所に汚れがめだつ貯蔵タンク——埋め立て工業地帯にあるそうした工場は、会社からすればいわば舞台裏だ。外部には見せたくない場所だったはずだ。企業はそこでつくった中身を売っている。汚い外観など、そっと隠しておきたいのは当然だろう。

これまで一般人は決して足を運ぶようなことがなかった東京湾の京浜運河に、近年、夜になると遊覧船が何隻も航行するようになった。

日もとっぷりと暮れた時間帯になると、京浜運河に繰り出すチャーター船をめざして、多くの人が横浜港の船着き場に集まってくる。場所柄、デートの途上で乗船するのか二人連れの男女、一眼レフカメラを持った男性、そして三、四人が集う女性グループなどが乗り合わせるパターンが多いようだ。

この船の目的は、横浜から川崎にかけての夜の工業地帯の景色を、運河伝いに海上から鑑賞するためである。彼らは夜の工業地帯にいったい何を求めているのだろうか。

その答えを考える前に、その工業地帯の「むかし」のことをまず知らなければならない。

大正時代からはじまった京浜運河の浚渫《しゅんせつ》工事により、その後横浜から川崎の海岸沿いに次々と埋立地がつくられ、昭和三年（一九二八）ごろにはおよそ現在の地形が形成された。その人工島には企業がひしめくように参集し、活発な工業生産がはじまる。その発展は戦争で一時中断するも、戦後はさらなる工業プラントが次々とつくられ、川崎は急成長する工業地帯として、戦後復興の旗手となった。

しかし、その一方で一九六〇年代には、工業地帯の煙突から出る煤煙《ばい》で大気汚染が深刻な環境問題を生み出し、工業汚水も川や海に排出され、川崎の公害は社会問題化した。

矢面に立たされた工場は厳しい環境規制の中で多くの改善をおこない、九〇年代以降は当時の汚染状況がまるで嘘のように改善された。川崎の大気は澄んで清々しく、海には潮の香りが戻っている。

工場から流す水質も、排出ガスも、音も、なにもかもすべて環境基準をクリアし、今となってはなにもやましいところはないはずなのに、進んで工場を見せることに、企業は積極的ではなかった。小学生や中学生を対象とした工場見学というものは昭和の時代から連綿と続いてきたが、それはあくまで子どもたちに学習の一貫として工場の仕組みや実態を紹介するものであり、外観や内部のようすをビジュアル的に見せるものではなかったはずだ。

ところが、ここにきて融和な対応に転換する企業が増えはじめた。それは社会のどこかから現れた、新しい文化の流れがそうさせたのだ。

その新しい文化とは、「工場萌え」である。

工場の構造的な景観のおもしろさと形状の不思議さ、明かりの灯されたコンビナートや建物の夜景など、その無機質な景観をこよなく愛することを「工場萌え」といい、全国各地にある工業地帯でこういう場所を見て歩き、鑑賞する人々が増えている。

[上] 鶴見線・海芝浦駅の夜景
[下] 京浜運河工場夜景クルーズにて
[左ページ] 工場夜景（東亜石油京浜製油所水江工場）

彼らの「萌え要素」――つまり心惹かれる対象は、年齢や人それぞれの考えかたによって違うようだ。年配者の多くは工場に古きよき時代のノスタルジーを求め、若い人は無機的なデザインにアーティスティックな美しさを感じているのかもしれない。いずれにしてもそこに展開されるのはまちがいなく、日ごろお目にかかれないものが目の前に現れるという、「非日常」の刺激的な光景である。

横浜港から出港した「工場夜景クルーズ」は、ベイブリッジを右手に大黒埠頭（MAP㊿）に向かう。それまできらめく明るさの中にあった小さな船は、たちまち海上の暗闇の中に溶け込み、二〇分ほど走るとやがて京浜運河の中央部へと進入していく。右手には扇島（MAP㊾）の端にある、東京ガスLNG基地のタンクヤードが見える。

運河の川幅が広いため、工場やコンビナートの随所に照明はあるものの、離れすぎていてあたりはほぼ暗闇である。しかし、川崎の塩浜運河付近から石油精製プラントが建ち並ぶ狭い運河深奥部に向かうと、船は速度を落とし、時にエンジンを切って停留し、間近で工場夜景を鑑賞できるこのクルーズ最大のハイライトとなる。

寂しげに点灯するコンビナートプラントの明かりは無機質で孤独だ。そこを錯綜するパイプが右へ左へとちょっかいをだす。貯蔵タンクを照らす美しい光が水面に反射した光とともに連なる。無機質な光景の中で、巨大な煙突から立ちのぼる白煙が生き物のように夜空に舞い、火力発電所の塔の頂上からは時より火炎が吹き上がる。夜の工場に人影はないが、しかしこのプラントの内側でも、多くの人が仕事に携わっているに違いない。

点検などの保安上のため点灯しているこの明かりは、見世物でつけられたものではないのだが、クルーズ船から鑑賞すると、それはやはり完成された「工場夜景」という名の作品である。そんな「作品」が京浜運河では何十何百と並び、まさに巨大な京浜空間に運河ミュージアムをつくり出しているのだ。

旅するガス──袖ヶ浦

東京湾岸の人工島や半島型埋立地には、大規模な石油タンクやガスタンク、発電所などエネルギー基地が密集している。これら湾岸のエネルギー基地では、どのようなことがおこなわれているのだろうか。ここではガスを例に見ていきたい。

東京ガスは、東京湾岸だけでも三か所のＬＮＧ基地をもっている。ＬＮＧ（Liquefied Natural Gas）とは液化天然ガスのことで、一般家庭には都市ガスとして供給されている。オーストラリアや中東、東南アジアなど輸入国から巨大なＬＮＧタンカーがやって来ては、東京湾岸のＬＮＧタンクにガスが貯蔵されていく。

二五万キロリットルのＬＮＧタンクは直径七二メートル、高さ六二メートルもあり、奈良の東大寺大仏殿がすっぽり収まってしまうほど巨大だ。このタンクひとつで、三六万世帯一年分のエネルギーを蓄えることができるという。

今回、特別に見学を許可してもらい、日本最大のＬＮＧ基地である千葉県袖ケ浦市の東京ガス袖ケ浦ＬＮＧ基地を訪ねた。

東京ガス袖ヶ浦 LNG 基地付近の航空写真（国土地理院）

ENERGY ADVANCE

ちなみに袖ケ浦市の臨海部はほぼすべてが埋立地で、海底をさらった浚渫《しゅんせつ》土を使い、本土に接続してつくられた「半島」である。

そんな「半島」の先端がLNG基地となっているのだが、正門は警備員によって厳重に警備され、関係者以外は決して立ち入ることができない。広い構内はさまざまなシステムによりコントロールしながら警備され、タンカーが入船してくる埠頭一帯にいたっては、海からの侵入をチェックするバリアーが作動していて、他の船がむやみに近づくことすらできなくなっている。

一方の内部も、このような可燃性ガスや危険物類をあつかう工場に立ち入る際、我々取材者は安全が確認されたエリアでのみ撮影をおこなうか、もしくは防爆型のカメラを使用するという決まりがある。電気的なカメラは着火源になる恐れがあるからだ。

基地は東西二地区に分けられ、全部で二〇基あるLNGタンクのうち、三基を除く一七基が地面の下にタンクを置く、いわゆる「LNG地下タンク」になっている。そのタンク群の丘を芝生が覆い、東西地区を仕切る緑地帯が工業用地に涼しげな森をつくりだしている。

原料となるLNGを積んだ巨大タンカーが袖ケ浦工場の着桟施設（バース）に入船すると、二四時間かけての「荷揚げ（アンローディング）」がはじまる。

バースに設置されたアンローディングアームという、関節のある腕のような設備がタンカーに取り付けられ、陸の地下タンクまでLNGが送られる。この間、担当係はどんなに深夜になろうが持ち場を離れることは許されない。

LNGとは海外で産出された天然ガスを、マイナス一六二度という超低温に冷却して液化させたものだ。液化することにより体積は六〇〇分の一にまで小さくなるため、大型タンカーで効率的に海上

[右ページ上]LNG 輸送船の入港
[右ページ下]LNG 貯蔵タンク

輸送することが可能となる。これを保冷された配管によりタンカーから地上のLNGタンクに移し、液体のままで貯蔵する。

しかし、液体状のままでは一般家庭にガスとして送り届けることができないので、今度はマイナス一六二℃の液化状態から温めて「気化」させる。つまり気体のガスに変換する必要があるわけだ。

その方法は意外にも実に簡単で、アルミ製パイプの中にLNGを流し、そこに海水をかけると気体のガスとなってしまう。なにしろもとがマイナス一六二度という超低温なので、常温の海水でじゅうぶんに温められてしまう。

ガスは産地によって熱量にばらつきが出ることもあるため、LPG（液化石油ガス）を加えたりして一定の熱量にし、最後に――無臭だとガス漏れに気づきにくいため――意図的にガスの臭いをつけて関東一円に送り出すのである。

東京ガスの導管は関東各地のすみずみまで、総延長およそ六万キロメートル（首都圏の高圧パイプラインは九五キロメートル）にもなる。袖ケ浦LNG工場の北側には、「海底幹線」と呼ばれる、関東圏の中心部にガスを送り出す重要な管が海に向かって延びている。海底に埋設された二六キロメートルのパイプラインが東京湾を横切り、東京東部の葛西で陸上に顔を出すと、各地への幹線に接続され送られていく。

さて、各家庭で栓をひねれば出てくるものといえば水道とガスである。どちらもパイプの中を圧力がかけられた状態で送られている。電気も電圧という圧力で送られているから、これらはだいたい同じようなものと考えていいのかもしれない。

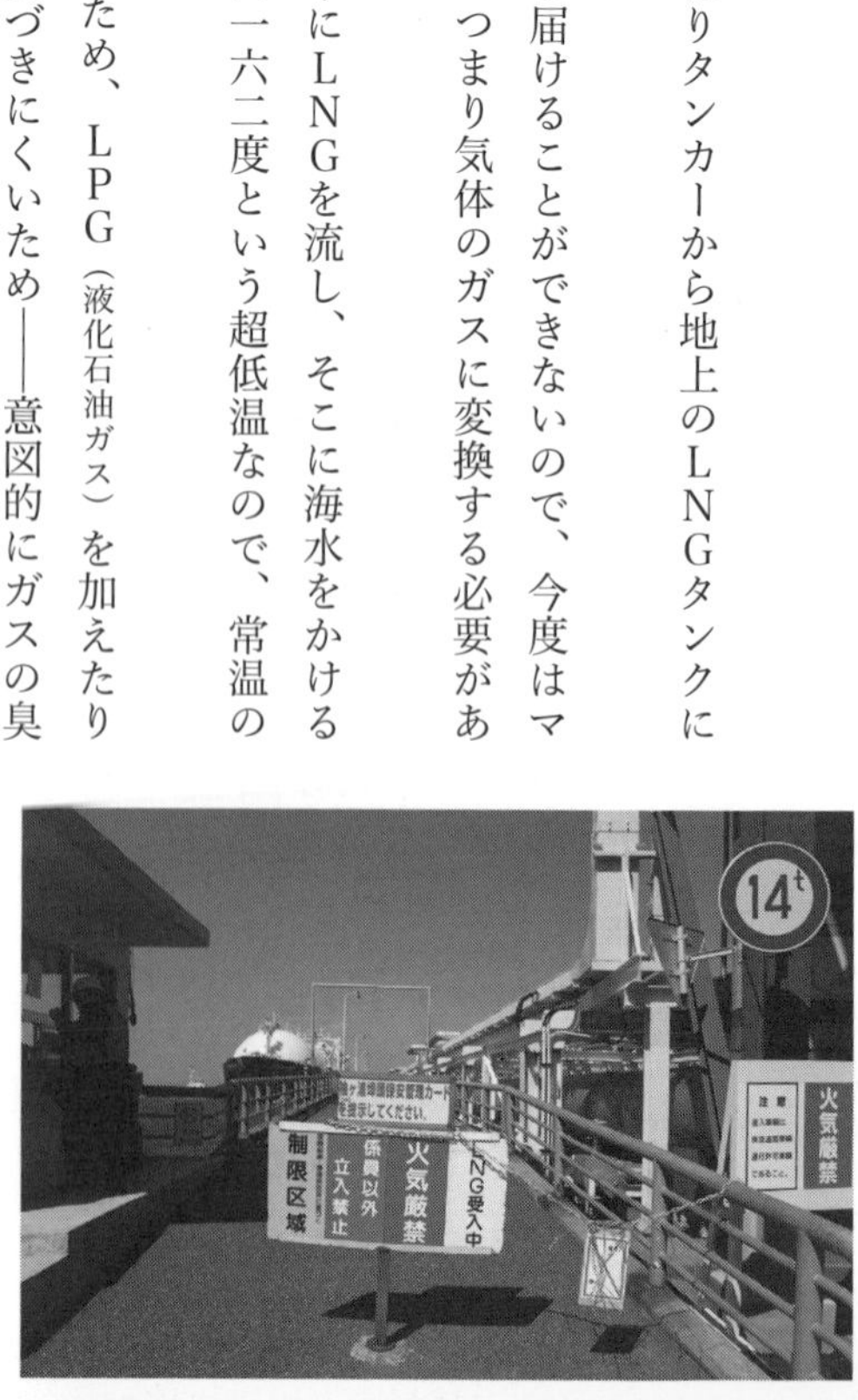

［右］LNG船の桟橋
［左ページ］LNG輸送船の入船作業をおこなう小船

ガスの場合、ガス管の中である程度の圧力で押されて家庭までやって来るわけだが、パイプラインというものは距離が遠くになればなるほど、途中で消費されるガスの影響などもあって、圧はしだいに下がってくる。東京ガス袖ケ浦工場の場合、もっとも遠い到達地は、一一〇キロメートル離れた栃木県の真岡《もおか》市になる。そこまで届くように高い圧力で送り出すようにするのが、ガス供給基地における大きな仕事であり技術なのだ。

首都圏ではいつなんどき急激な大量消費がなされるかわからない。それによる急激な圧力の低下が起こらないよう、その動向を監視する基地のオペレーションスタッフは、二交替の勤務体制で、二四時間三六五日稼働する。つまりここもまた、我々の生活を陰で支える「眠らない島」なのだ。

海外で生産されたガスは「輸入」という旅を経て、はるばる日本までやって来る。陸揚げのあと基地の工場で気化され一人前のガスに仕上げられると、今度は東京湾を越えて遠くの消費地まで旅をする。思えばガスというものは地球に眠っている時間も長いが、地上に生まれてからも、必要とする場所に届けられるまで実に長い旅路を続けているのだ。

第七章 東京湾ミッドタウン 07

江戸東京ブレンド

今、東京の湾岸エリアはミッドタウンの中心にある。

そもそもミッドタウンとは何か？　世界中の都市にミッドタウンと呼ばれる地域はあるが、たいていはアップタウンとダウンタウンの中間地域と定義されている。アップタウンとは住宅地を指す。欧米の住宅地は高台につくられることが多いので、買い物や遊興に出かけるときは高台から降りていく、という意味で繁華街をダウンタウンと呼ぶようになった。

あるいは、海外では方位をあてて北をアップタウン、南をダウンタウンとするところもあるようだが、少なくとも東京にはあてはまらない。辞書『大辞林』によれば、東京の山の手とは「東京湾岸の低地が隆起しはじめる武蔵野台地の東縁以西」と定義されている。すなわち四谷・青山・市ヶ谷・小石川・本郷あたりが山の手で、下町は「東京湾側に近い低地」ということになる。つまり下谷・浅草・神田・日本橋・深川などの地域である。こうなると東京のアップタウンもやはり住宅地区、ダウンタウンは盛り場、商業地区ということになる。

ならば東京のミッドタウンとは、さしずめその中間地域。住宅地も商業地も混在する地域ということになるだろう。そこには江戸時代に開削された運河を残す場所もあれば、最先端のインテリジェントビルや商業施設の新興開発地があり、埠頭や桟橋があるかと思えば突如超高層住宅が入り混じる。東京の湾岸エリアは、こうして新旧混在する街並みができ上がり、世界中のどの都市にもない「江戸東京」とでもいうべきブレンドができ上がった。

東京湾岸の「江戸東京」を感じるためには、運河をめぐる船に乗って水上から見てみるのがいちばんいい。江戸の水運が盛んだったころを思い浮かべながら船に乗り運河を渡り歩けば、横に見える川岸も岸壁も橋も、まさに水面から見る江戸の視界だ。しかし一転、広い川幅の大河・隅田川の川面を進み出てみれば、佃《つくだ》・月島付近にそびえる一〇〇メートル超えの超高層住宅群。この高層視界というものは、当然江戸時代にはなかったものだ。このあきらかに違う視界が同居し、調和をかもしだしている場所こそ、東京湾ミッドタウンである。

古きものごとを「再生」「復活」させることをルネサンスという。

東京では平成一七年（二〇〇五）ころより、「運河ルネサンス」という言葉が使われるようになった。これは江戸の水辺に水運の活気があった時代、船で荷を運び人々が往来した運河（水路）を現代に再びよみがえらせ、東京湾内の水運と観光活性化に活用しようというものだ。これは東京都港湾局が主導していて、都のホームページには、世界的な水辺都市として名を馳せるベニスやアムステルダムでは観光の目玉として運河が世界中から多くの観光客を引き寄せていることを念頭に置き、「千客万来の世界都市・東京を目指して観光まちづくりを推進している中、東京の運河も観光資源として大きな可能性を秘めている」とし

日本橋下の乗船場「双十郎河岸」

て、「(現在) 利用の低下した運河や利用形態が変化している周辺の土地などの水辺空間を、観光、景観、回遊性などを重視した魅力ある都市空間として再生させる取り組みとして運河ルネサンスを推進します」とうたっている。

古くは江戸湾の深奥部から江戸城周囲や大川端《おおかわばた》の川向こう、深川方面へ網の目のように張りめぐらされた運河は、水の都江戸の象徴で水上交通路として大きな役目を担っていた。しかし近代になり東京湾がしだいに埋め立てられていき、輸送の形態が水運から陸上輸送に代わるにつれ、運河は時代の流れの中で内陸内封化して使われなくなる。

そこへ昭和三九年(一九六四)の東京オリンピックを契機とした、高度経済成長の時代がやって来る。世界に恥じない高速道路網をつくるという名目で、かたっぱしから運河の上に首都高速道路がつくられた。なぜ運河の上だったかというと、用地取得の問題が発生しないからだ。これによって運河は一年中日陰に置かれてしまうだけでなく、見捨てられたように水質環境の悪化も進み、水の都江戸の面影は消えた。

しかし先の東京オリンピックから半世紀を経て、二度目のオリンピックを前に東京の運河はようやく再び日の目を見ることになる。一度は見捨ててしまった運河をよみがえらせて、水の都東京は復活のきざしを見せはじめている。

ワンプレートの江戸東京——佃・月島

隅田川が流れ下り、最初に東京湾に注ぐその場所に、かつては石川島(MAP㉓)と呼ばれた埋立地

佃一丁目中心部の民家(1996年)

（現在は佃二丁目）がある。隅田川の流れが旧石川島にぶつかり左右に分かれるその先端、あたりを制圧するように建つのが、「大川端リバーシティ21」という八棟からなる超高層マンション群だ。八棟いずれも高さ一〇〇メートルを超え、その中でもっとも高層階を誇る「センチュリーパークタワー」は高さ一八〇メートル、地上五四階、地下三階、戸数は七五六戸にもおよぶ。もともと人工島には起伏がないから、真っ平らな埋立地にそびえ建つその姿はまさに圧巻だ。

江戸時代のこの辺りは、隅田川が吐き出す土砂により三か所に砂洲ができていた。そのひとつが一章でも記した佃島（MAP㉔）で、あとのふたつが鎧島《よろい》と森島である。鎧島と森島も江戸時代から埋め立てがはじまり、ふたつの島はやがて繋げられ、幕臣だった石川八左衛門が屋敷を建てて住んだことから、後に石川島と呼ばれる。

石川島には寛政二年（一七九〇）、老中・松平定信による寛政の改革の一環で、無宿人、軽罪人、虞《ぐ》犯《はん》者を集めた自立支援施設である「人足寄場《にんそくよせば》」がつくられた。ちなみに松平定信に人足寄場の設立を提言したのは、火付盗賊改方《ひつけとうぞくあらためかた》の長谷川平蔵であり、池波正太郎の小説『鬼平犯科帳』で知られる「鬼平」その人である。当時、住居も確保できない無宿人が増加の一途をたどっており、犯罪の根源ともなっていた。彼らを「島」に隔離し、生活を立て直すための教育と援助をすることが人足寄場の目的であり趣旨であった。大工などの特技をもつ者にはそれらを訓練させ、特技のない者には単純軽作業（手内職）や土木作業を指導した。現在の刑務所のように労働に対する手当を支給したが、手当額の一部を強制貯金し、三年の収容期間を終えて出所する際にはこの貯金を交付し、彼らの更生資金にあてさせるというシステムだった。

その後、ペリー艦隊が来航した嘉永六年（一八五三）、幕府の命を受けた水戸藩主・徳川斉昭《なりあき》が、こ

［左ページ上］大川端の超高層住宅群とむかしながらの民家が残る佃地区
［左ページ下］隅田川を下り大川端へ

の地に石川島造船所を創設する（これが後の石川島播磨重工業、現・IHIとなる）。このとき西洋式軍艦「旭日丸」「千代田形《がた》」などが建造され、石川島は近代的造船業の発祥の地となり、重工業の人工島として発展してゆく。

明治二五年（一八九二）には「東京湾澪浚《みおさらい》計画」によって、航路整備のため東京湾から浚渫《しゅんせつ》した土砂を利用して埋め立てられた「月島1号地」が石川島、佃島の南側に完成。これが現在の月島一丁目から四丁目（MAP㉕）までである。

その後、埋立地は「2号地」「3号地」と続けてつくられていく。これが現在の勝どき（MAP㉖）と豊海《とよみ》町（MAP㉗）だ。こうして佃から月島、勝どき、豊海町と、人工島が連なっていったのである。

月島は戦後、網の目のように道が張りめぐらされ、路地を挟んだ長屋づくりの家々がひしめく居住地として発展した。七〇軒を超えるもんじゃ焼きの店が建ち並ぶこの一角（月島西仲通り商店街・別名「もんじゃストリート」）には、現在でもそうした古きよき昭和風情が残る庶民的な町でありながら、銀座や有楽町から徒歩圏内であり近代的なマンションが立ち並ぶ整備された環境がある。作家の四方田《よもた》犬彦や吉本隆明が好んで住んだのは、そのような月島の独特なミッドタウン文化があったからに違いない。

江戸時代に起源をもつ佃一帯と昭和風情が残る月島、そして現代建築技術の粋を集めたタワーマンション群という構造物が、同じ人工島という一枚の皿（プレート）の上に載っている。この姿こそが、東京湾ミッドタウンの真骨頂だろう。

月島の路地裏

江東デルタ地帯の運河——小名木川《おなぎ》

江東区を中心とした下町には、江戸時代からの歴史をもつ運河が今も数多く現存する。それらの水上を船で通ってみると、江戸情緒あふれる路地裏を歩くような臨場感があってほんとうに楽しい。ところでこのように古い時代、江東区の北部や墨田区南部といった地域に、いくつもの水路（運河）がつくられた理由はなぜなのだろう？

まず第一に、江戸時代初期までは現在の深川あたり一帯が、江戸湾の海岸線であったということだ。だから河口の近くで湿地だった隅田川と中川の中間地帯を人々が住める土地にするには、湿地の水を抜き、ふつうの土の地面にする必要があった。そこでおこなわれたのが灌漑《かんがい》だ。農業でおこなう灌漑は田に水を入れたりする水路づくりのことだが、ここの場合は湿地から水揚げ（水を集めて抜く）をして水路に流すということだった。こうして縦横に水路（運河）をつくり湿地の水はけをよくして土地をつくった結果、今日の江東区・墨田区一帯ができ上がった。

そんな江戸の初期、徳川家康の命を受けて最初につくられたのが小名木川という運河だった。小名木川は旧中川と隅田川を繋ぐ運河で、江東区を東西に、実に人工的な線で真一文字に進んでいる。古地図を見ると海岸線と平行するように海沿いを掘られているが、なぜこんなところを開削したのだろうか。

これには本書で繰り返し記している東京湾の特徴、遠浅の浜が起因している。第一章でも書いたが、家康は塩田のある行徳《ぎょうとく》（千葉県）から、人間が生きていくためには必要不可欠である塩を運びたかった。ところがこの界隈の海は水上の航行がきわめて難しかった。浅瀬が多く座礁してしまう船が多かった

のだ。

そこで家康は海岸線のすぐわきに、波の立たない安全な運河をつくることにし、小名木村（現在の江東区大島の一部）の開拓者だった小名木四郎兵衛に命じて、この水路の開削を進めさせた。でき上がった小名木川は家康のもくろみどおり、江戸の物流にとって重要な運河になっていく。

一方、江戸城下の建設にはなにより治水が大切と考えた家康は、東京湾に流れ込んでひんぱんに洪水を起こしていた利根川を曲げて銚子へ放流させる「利根川東遷《とうせん》」を推し進め、これは承応三年（一六五四）四代将軍・徳川家綱によって達成され、家康の代からの壮大な計画だった川の道は完成する。

それまではもちろん塩だけでなく、米をはじめとする物資はすべて馬などを使い陸路で運ばれていた。それが船を使う水上運搬なら、米では一度に一〇〇俵、二〇〇俵を載せることができる。こうして江戸は巨大都市になる足掛かりを着実につくっていった。

その後日本が近代化の道を歩むにつれ、深川をはじめとする江東区は東京湾を埋め立てながら南進し、小名木川は海からずいぶん内陸に置き去りにされた格好になってしまった。内封され時代とともに使用価値がないまま見捨てられていたといっていいかもしれない。運河がその機能を発揮できずに、しかも陸地の中に取り残されている状態というのは、それはただの水たまりにすぎない。

しかし東京スカイツリーができて見物客が増え、隅田川の水上バスも盛況の下町人気の余勢をかって、日陰で澱んでいた小名木川にもようやく陽のあたる時代がやって来た。「小名木川クルーズ」が今、大盛況だ。

隅田川の流れに沿って、清洲橋を東に折れたところが小名木川の入口だ。ここから進む先は、かつ

［右ページ］まっすぐ東へ伸びる小名木川（隅田川上空から）

萬
年
橋

て「ゼロメートル地帯」と呼ばれた「江東デルタ地帯」である。ゼロメートル地帯という言葉は、江東区や墨田区など下町一帯を指すもので、周辺の土地より大きく沈下して、海面と同じかそれより低い土地であることを意味している。

昭和三〇年代、高度経済成長の初期に江東区に数多くの工場が建てられるようになると、この地は地盤沈下にみまわれる。工業用水としてくみ上げる大量の水や、水溶性のガスなどが地中から大量に取られてしまったために起きた現象で、もとの地盤より四メートルも沈下した場所があるという。

小名木川はちょうど江東デルタ地帯のど真ん中を横切る運河であり、地盤沈下のようすが手にとるようにわかる場所だ。川のほぼ中間地点にある扇橋閘門《こうもん》は別名「東京のパナマ運河」といわれ、まさにミニチュアのパナマ運河体験ができる。隅田川寄りの西側と旧中川の東側とでは水位に高低差があり、東側のほうが一メートルも低い。その水位の違う東西を船が行き来できるようにするため、運河の中に赤い巨大な水門がふたつあり、その間の水路（閘室）に船を入れ川の水を一旦遮断、水位を人工的に昇降させることにより船を通過させるのである。

これは昭和五一年（一九七六）に設置されたというから、それほどむかしのものではない。ゆっくり時間をかけて動く水門の動作を見ながらさらに運河を行けば、かつての江戸深川と埋立地、そして江東デルタ地帯へとどっぷりと入り込んでいく。愉悦《ゆえつ》の運河ルネサンス、至福の舟旅である。

[右ページ] 小名木川に架かる橋
[左] 小名木川・扇橋閘門

湾岸つむじ風——芝浦アイランド

平成三年（一九九一）から平成六年までの約三年間、芝浦（MAP㊵）一丁目の巨大倉庫のようなビルに、バブルの象徴と揶揄され今では伝説となったディスコ「ジュリアナ東京」があった。ワンレン（one length cut＝ストレートで長めの髪を一定の長さに切り揃えた髪型）、ボディコン（body conscious style＝女性の胸の膨らみや腰のくびれを強調したタイトドレス）のお姉さまたちが、お立ち台といわれる舞台に上がり、羽付きの扇子を振り、ハードコアテクノのダンスミュージックで乱舞するという、まさに景気浮揚で浮かれる狂瀾ニッポンの世相を炸裂させる懐かしのディスコティックである。当時、埋め立てが進み整備されていく湾岸地域が、なぜか好んで「ウォーターフロント」と呼ばれた。日本全体がなにもない空《くう》をつかもうと、懸命に背伸びしていた時代だった。

そんなかつての「ジュリアナ東京」からわずか二〇〇メートル離れた場所に「旧協働会館」という建物が、高層住宅や企業の入るビルに囲まれた谷間にひっそりとある。木造二階建て、延べ床面積が約四四二平方メートルというから、かなり大きな建物だ。重厚かつノスタルジーにあふれ、昭和初期のロマンをたたえる、まさに贅《ぜい》を尽くされた近代和風建築である。

もともとここは「三業組合」という芸妓の取り次ぎをおこなう組合事務所（見番）として、戦前の昭和一一年（一九三六）に建てられたものだ。「三業」とは芸妓置屋、料亭、待合茶屋のことで、芸妓はこの組合に登録することで客席へ取り次いでもらい、その遊興の支払い（玉代）計算などはすべ

芝浦の旧協働会館

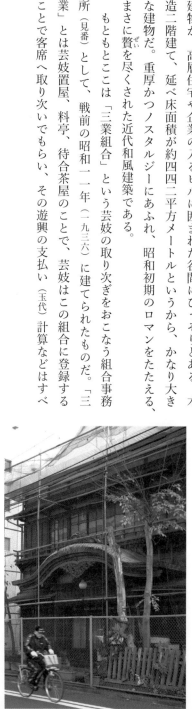

て組合がおこなっていた。

なぜこうした粋な社交場が芝浦にあったのだろうか——それは漁師町だった芝浦が明治から大正時代にかけて埋立地として開発され、工業地に変貌していく中で、その企業とともに料亭などが増えはじめ、花街（三業地）としてこの地が活況に沸くようになっていったいきさつがある。大正九年（一九二〇）当時で、料亭六五軒、置屋五五軒、芸妓一七五名を数えたという。

昭和一一年に先に書いた芝浦花柳界の見番が建てられたが、戦時中に東京都港湾局の所有となり、港湾労働者の宿泊施設「協働会館」として使われるようになった。そして建物の老朽化により平成一二年（二〇〇〇）に閉鎖された。戦前から残る見番跡の建物は、東京の中でもここ一軒しかない。そのため保存運動によって港区指定有形文化財となり、いまは防護ネットに覆われ改修のときを待っている（とはいえ、工事が進んでいる話はいっこうに聞こえてこないが）。

それにしても、かつて活況に沸いた花街とジュリアナ東京のあった場所が、奇しくも同じエリアにあるのはどうしてなのか。時代も違えば中味の商売も違うのに、「遊興」という共通の目的地がここにあった。そこには「日常から切り離された場所」こそ「島（シマ）」であるという構図があり、日常のはめをはずすのに「島」はまさにうってつけの場所だったからに違いない（これについては次章「欲望のアミューズメント」にて詳述）。

そんな芝浦一丁目から南東に約四〇〇メートル歩くと、運河に囲まれた別の「島」に入る。そこは「芝浦アイランド」（MAP㊶）と呼ばれる高級大規模マンション群の人工島である。住所は芝浦四丁目。平成一七年（二〇〇五）に建設計画が始動し、官公民が一体となって六万平方メートルという広大な埋立島に、およそ四〇〇〇戸が入る高層四棟の共同

かつてジュリアナ東京があったビル（芝浦1丁目）

住宅と公共施設がつくられた。四棟どれもが五〇階に届きそうな高層階の建物である。

しかしそれにしてもこの街は整然としすぎている。四本の高層タワーはすべて居住棟（賃貸棟二棟、分譲棟二棟）というから、子どもたちもいるのだろうが、はたしてどこで遊ぶのだろう。近代高層建築の隙のない街づくりが、その外観を眺めているだけでもわかる。飲み物の自販機が見あたらないので、私はしばらく歩いてスーパーマーケットのピーコックに入り、ようやくペットボトルのウーロン茶を買うことができた。

四棟のうちひときわ特徴的な星形のマンション「ケープタワー」は、南地区と呼ばれる島の南岸に建っていて、そのほかの三棟は北側の一角を取り囲むように天に伸びている。三棟の高層住宅に囲まれた場所に、やっとのことで小さな公園を見つけた。そこでさきほど買ったウーロン茶を飲んでいると、海から吹く風がつむじ風を起こし、土ぼこりを立てた。この島の地べたにほこりを立てるほどの土の部分があったことに、そこではじめて気づいた。

ヒートアイランド――臨海副都心

都市のさまざまな活動から出る熱が原因とされる気温上昇のことをヒートアイランド現象という。郊外に比べ、まるで都市の中心だけが海の中のひとつの島のように突出して外気温が高く、熱だまりとなることから、「高気温の島＝ヒート・アイランド」という表現で名付けられた。

アスファルト道路の太陽熱蓄熱、自動車が排出する熱、建物の空調設備から出る熱などが、ビルの谷間で行き場所を失い、動かずによどむ。日中の熱が夜中まで都市にまとわりついて動かず熱帯夜となる。東京はいつからこんなにも暑い都市になったのだろう。

今から三六年前の昭和五五年（一九八〇）八月。沖縄本島の那覇では連日三〇度を超える日が続き、最高で三四度を記録した。そんな暑い夏であっても東京は三〇度前後の外気温で、それでも新聞にけ「うだる暑さ」という見出しになっていた。そのころの東京は、沖縄に比べればはるかに気温が低い場所だったのだ。

それが二〇〇〇年ごろを境にして、東京人たちは自分たちの暮らすこの土地の暑さに衝撃を受けることになる。なにしろテレビの気象予報士が「今日の沖縄は三二度の真夏日でした」と伝えるとき、都心は三八度と沖縄をはるかに凌ぐ猛暑日を記録していたのだ。

ヒートアイランドのように特定の箇所が高気温化する現象は、地球温暖化やエルニーニョ現象の発生の因果関係とともに、地球規模の自然環境の変化などに起因することと同一線上で語られることがあるが、温暖化とヒートアイランド現象に実は直接的な因果関係はない。

東京にも、むかしから極端に暑い日はピンポイントのようにあった。しかし夏の間中、蒸し風呂状態のような都市経験したのは、やはり二一世紀を迎えてからだ。こんな暑い東京をつくり出してしまったのは、自動車やビル空調設備からの排熱だけだったのだろうか？

その原因は近年の東京の都市のつくりかたにこそ問題があったと、そう考える人も少なくない。

昭和五四年（一九七九）、東京都は新しい都市開発の場所として東京湾の臨海部に副都心をつくる計画案を立ち上げる。その臨海部とは台場（ＭＡＰ㊱）、青海《あおみ》（ＭＡＰ㊲）、有明（ＭＡＰ㉛）の南北地区あたりで、現在フジテレビやテレコムセンター、東京ビッグサイトなどが建っている場所といえば、その計画がどのようなものだったかなんとなく理解できると思う。

これは当時新たに完成した13号埋立地（お台場）と、すでにでき上がっていた10号埋立地（有明エリア）に新しい街をつくり出すという構想で、具体的には昭和六二年（一九八七）に「臨海副都心開発基本構想」として策定され、スタートを切った。

一九九〇年代の臨海部には、お台場を皮切りに続々と巨大なビルが建ちはじめる。特に平成九年（一九九七）にはフジテレビが新宿区河田町より移転。球体をあしらった奇抜な新社屋が完成し、同時にそのまわりには人工のビーチがつくられ、同じころ同局のテレビドラマ『踊る大捜査線』が大ヒットしたことによって、お台場は一躍若者たちの「トレンディ」なプレイスポットとなった。

そして二〇〇〇年を過ぎて気づいてみれば、かつて更地でなにもなかった埋め立て人工島には、ビル、ホテル、高層住宅が建ち並び、それは臨海部にできた新たな東京を象徴する、世界に誇る風景としてもてはやされるようになっていた。

ところが、それと時を同じくしてお台場では奇妙な現象が起きていた。それまで都心でマリンスポーツが楽しめるアクセス抜群のビーチとして支持されていたお台場から、突然ボードセイラーたちの姿がかき消えてしまったのである。

原因は風だった。海辺に吹く風をさえぎるように立つ壁。つまり臨海副都心に建ちはじめたビル群が、東京湾に吹く風を変えてしまったのだ。夏の日中、東京湾では地上の温度に比べ海面温度のほうが低いので、海から陸に向かって風が流れる。つまり東京湾口から陸地である都心部に向けて風は通る。心地よい海風が臨海部を吹きわたり、お台場のボードセイラーたちもこの風をつかまえて楽しんでいたのだ。

その後も海風をさえぎる壁はますます乱立して増えていく。

東京湾ミッドタウン

［右ページ］お台場全景

そして平成二二年（二〇一〇）、決定的なヒートアイランド現象が起こる。東京都内では猛暑日が連続し、深夜になっても気温が三〇度から下がらない日が二九日間連続した。都内では風がなく、焼けて熱くなった路地に打ち水をして涼を求める姿も見られたが、熱だまりのようになった街中では、逆に蒸し風呂のような状態になった。この年、猛暑と熱帯夜が世界規模な異常気象のせいだけではないと、肌で感じた人は多いはずだ。

都市に流れる海風が建物の影響でうまく流れなくなっている――ヒートアイランド現象の要因を断定することはできないが、その公算は強い。風の通り道が建物などによって影響を受ける度合いを数値化できないことはないだろうが、今それをおこなったところで、その数字をもとに建物を削ったりつくり直したり、ましてや更地に戻すことなど現実的にできるはずもない。

近年、このエリアでは巨大構造建築物の真ん中に風穴を開け、意識的に風の通り道をつくったものがめだつ。学者も建築家もまた、あるときから東京で起こり得るこの問題の元凶がわかっていたに違いない。少しでも海風を通すよう、努力かつ工夫をしているのだろう。はたして昭和の時代のように、東京湾に吹くさわやかな海風が、都市部の熱だまりの涼風となってくれる、そんな日は再びやってくるのだろうか。

臨海副都心のテレコムセンター

第八章 欲望のアミューズメント 08

島は一見《いちげん》の享楽地

三重県の志摩半島は、海女《あま》のルーツといわれる場所だ。その一帯は複雑な海岸線が続き、岩場の海ではアワビやサザエなど豊かな水産物がたくさん獲れることで、海女たちにとって格好の漁場だった。深い入江は船で海から行けば簡単にたどり着けたが、陸路をたどるとなると九十九折《つづらおり》の険しい海岸部を越えて行かねばならず、場所によっては道なき道を歩かないと海辺に出ることさえできなかった。そんな不便な陸の孤島と呼ばれた場所に、とある享楽の園が密かに生まれた。

複雑な海岸線を描く的矢《まとや》湾の沖合に渡鹿野《わたかの》島という小さな島がぽつんとある。ここはもともと牡蠣《かき》の産地としても知られた内海で、波静かな湾内は、荒海で知られる熊野灘を往く船にとってのほんのひとときの天然の休息地であった。陸から離れ数か月もかけて航海する船にとって、静かな湾内に船を泊め、水の補給や食料の買い入れをおこない、船員もしばしの休息をとる。

江戸時代から明治にかけての帆船の時代、この渡鹿野島とその周辺には、そんな船員を相手にする、「はしりかね」と呼ばれる海上の遊女が存在した。船が碇《いかり》を下ろすと、渡鹿野島やその周辺からはしりかねを乗せた手漕ぎ舟が現れ、停泊する船から渡される梯子《はしご》や戸板を伝い、彼女たちは船に乗り込み春をひさいだといわれる。

一説ではしりかねは、「針師兼（はりしかね）」が地元なまりの言葉に変化したものといわれる。裁縫など針仕事を兼ねる人の意で、ここでは船仕事でほころびた船員の衣類を縫って直す、奥さんとしての「役」をおこなうという意味をもつ。それがつかの間の妻として、夜の営みまで引き受けたということだろうか。大らかな時代だったといえばそれまでなのだが、うら寂しい深い入江と離島のある海上にこうした享楽の世界がひっそりと存立していたことは、なかなか興味深い。

さて、時は現代。「旅の恥はかき捨て」ということわざは、人の開放心と欲望というものをよく表していると思う。見知らぬ土地で、知った人間もいなければ、いつもならしないことやできないことも、その場かぎりなので気にせずできる。決して誉められたおこないではないが、人間はそれほど立派にはできていない。

的矢湾の渡鹿野島を引き合いに出すまでもなく、「島」という言葉にはなにか離れた場所、別な土地という、いつもとは違う世界のイメージがある。その根底にはいったい何があるのかを考えてみると、そこには「日常から切り離された場所」こそ「島（シマ）」であるという構図が浮かび上がってこないだろうか。そういう場所こそ、人はその土地になんのかかわりも持たない一見《いちげん》の客として、いっときの遊興を楽しみ、開放感や快楽に浸れるというものだ。

東京ディズニーリゾートのある舞浜（MAP75）も、八景島シーパラダイスで知られる八景島（MAP64）も、地図で見ると、陸から離れた人工島であることがわかる。両者とも世俗とは離れた世界、日常から隔離されたアミューズメント空間を演出する、遊園地の考えかたとして実によくできた施設

的矢湾・渡鹿野島の景観

だと思う。

一方でギャンブルの遊興施設も、実は島に多くある。賭け事は勝負の世界だ。勝ちも負けもその島の中だけで完結するという、日常から切り離す視点が大事なのかもしれない。人にはどうしても逃げられない厳しい現実があり、だからこそいっときの享楽に一喜一憂のうつつをぬかす快楽が生まれる。そんな場所が東京湾にあり、それが埋立地や人工島であればなおさらいい。なぜならそこは、もともとは「この世にはなかった」場所だからだ。

都心に香るまきばの朝——勝島

羽田の朝一番の飛行機をめざして浜松町から始発のモノレールに乗ると、一〇分たらずでふたつ目の駅に着く。ドアが開くと、車内のあちこちで乗客たちの鼻がひくひくしはじめる。プラットホームの下から入ってくる風に乗って、藁《わら》の香りというか、牧場の馬小屋のにおいが車内に流れ込んでくるのである。そこは埋め立て人工島・勝島（MAP⑯）にある大井競馬場駅である。東京シティ競馬（愛称）がおこなわれる、大井競馬場の下車駅だ。京浜運河と勝島南運河に囲まれた広大な敷地にはダートの馬場と六万二〇〇〇人を収容するスタンドがあり、敷地の北東側には、調教師とともに馬が生活する厩舎《きゅうしゃ》がところ狭しと密集して建っている。

モノレールの高架は京浜運河に沿うように走っているから、大井競馬場駅の真下にある厩舎から、風が吹く日は馬小屋のにおいも車内にたっぷりと入ってくる。しかしここはいってみれば都心、品川区の海辺の一等地でとにかく便利な場所だ。だから競馬に興味のない人は、その鼻をつく野生の香りに思わずたじろいでしまうことだろう。

大井競馬場は川崎、船橋、浦和と並ぶ、特別区競馬組合（東京二三区が主催権をもつ組合）に所属する地方競馬の競馬場だ。昭和二五年（一九五〇）に開場した大井は、後発で昭和二九年（一九五四）からはじまった中央競馬会が動員数及び投票券売り上げで大規模化していく中でもその勢いに負けることなく、大井名物「トゥインクルレース」というナイター競馬をおこなうなどして、首都圏の会社員をはじめとした多くの競馬ファンを根強くつかみ続けてきた。

しかしそんな大井競馬場にも、厳しい冬になりかけた時代がある。それは半世紀前の昭和四二年（一九六七）、東京都知事選挙で革新都政を旗印とする美濃部亮吉が当選。美濃部の選挙公約の中には、公営ギャンブル廃止が入っていたのだ。対立候補の秦野章から勝利した美濃部は、堂々と公営ギャンブルの廃止へと動いた。継続か廃止かの論戦は数々あったが、美濃部の強い意志は変わらず、昭和四四年（一九六九）、東京都としておこなっていた公営競技事業は廃止され、都はオートレース、競輪、競艇、地方競馬からすべて撤退した。

当時人気の高かった後楽園競輪場や大井オートレース場も消滅。結果、都の税収は大きく落ち込むこととなったが、昭和四四年といえば一九七〇年安保の前年であり、日米安全保障条約の延長について、学生を中心とした反対派が機動隊と激突、騒乱が繰り返されていた時代である。米ソ冷戦の危機とベトナム戦争反対の気運を背景に、左派の力が今では信じられないほど強かった。労働者階級に寄り添う左派（革新）の立場をとる美濃部は、民衆を賭け事に駆り立てる主催を都がおこなうことは正義に反するという主意を貫いたのだ。

しかしそのように公営ギャンブルがすべて廃止されていく中で、大井競馬場だけはある策を講じ

［右］大井競馬場
［左ページ上］厩舎から見える東京モノレール
［左ページ下］勝島・厩舎内の早朝

て奇跡的に生き残りに成功する。それは都の直営で開催（開催権）されていたものを、特別区（二三区）や市町村に主催の権利を移行させることにより、なんとか継続して開催できるよう求め応じられたのだった。

ギャンブルがいいか悪いかは別として、賭け事に興味を持つことは人間にとってごくあたりまえの欲望だ。目の前からなくしたところで、やりたい人間は別のところへ行ってやるだけのことだ。それに、競馬というものは決して賭け事がすべてではない。人と馬は古来、農耕や運搬を通して長い歴史を築いてきた。戦国時代から第一次世界大戦ころまでにかけては、馬が戦争に使われるという悲劇もあったが、そんな中でも人と馬は愛情と信頼を育んできたはずだ。

競馬をはじめとするギャンブルのすべてが東京から消えなかったのは、結果的によかったのではないかと私は思う。すべてのものごとには「多様性」が不可欠であり、文化の厚みというものは、そうした多様性から生まれるものだからだ。

公営ギャンブル廃止という憂き目から辛くも逃れて、今日まで営々と築き上げてきた馬と共生する人々と競馬文化を思うと、羽田空港と都心部を結ぶモノレールに漂う大井競馬場駅の馬小屋のにおいは、日本が都市部に残した文化の香りなのだ。

元祖ヘルスセンター――船橋

船橋ヘルスセンター。東京近縁の年配者には名前に聞き覚えがあるかもしれない。昭和三〇年（一九五五）一一月に開業し、その後一九六〇年代にかけて、関東一円から多くの人々を呼び寄せた温泉付き総合レジャー施設である。所在地が東京湾沿岸の千葉県船橋市で、当時マイカーはさほど一般的ではなかったこともあり、電車で行ける近場として、老いも若きもこぞって足を運んだ行楽地だった。

東京都心にはここより四か月先行して、後楽園遊園地が開園していた。それでも、東京ディズニーリゾートや八景島シーパラダイスはもちろんのこと、横浜ドリームランドすらない時代の話である。戦後の経済成長で日本人の生活はしだいに豊かになり、食べることがほぼ満たされると、次にやって来たのは遊びへの欲望だった。テレビが各家に普及していく中で、お茶の間にはなんともキテレツな唄が流れる。

船橋ヘルスセンター　船橋ヘルスセンター
長生きしたけりゃ　チョトおいで
チョチョンノパ　チョチョンノパ
湯気がゆらゆら　大きなお風呂
手あしのばせば命ものびる　チョンパ

三木鶏郎作詞・作曲、楠トシエが歌う「長生きチョンパ」は船橋ヘルスセンターの宣伝ソングだった。画面には当時の人気漫画家・横山隆一作画によるユーモラスな老人の姿が描かれ、人々はこの、戦後飢餓の時代からはすっかり解放された天下泰平ムードを込めた歌詞に浮かれ、こぞって船橋ヘルスセンターへと足を運んだのである。

そもそも船橋になぜヘルスセンターができることになったのか。それはこの地が埋め立て開発されるころへさかのぼる。

千葉県では戦後、臨海部の埋め立てが活発におこなわれた。埋立地とは新しい土地をつくって誕生させるわけだから、その過程でさまざまな利権や思惑が発生する。千葉沿岸部では、漁業を営む人々の漁業権の補償などで激烈な利権争いが生じ、またその解決のため多額の金が乱れ飛んだといわれる。

こうした中、船橋市の国道14号線（京葉道路）の南側はもともとは海浜であり、ことごとく埋め立てによって陸地となった場所だ。今日ここに立って眺め渡しても、建物ばかりで海ははるか遠く、ビルの屋上にでも上がらなければとても海は見えない。そんな船橋の埋立地で昭和二七年（一九五二）、ガス採掘のためのボーリングをおこなったところ、地中約一〇〇〇メートル付近から突如ガスと温泉が湧いて出たのである。そもそも千葉県の地下には南関東ガス田が分布しているので決して不思議なことではなかったが、実際に採掘が成功したとなると地元はとたんに色めき立った。

そこで船橋市のあと押しもあり、三年後の昭和三〇年、温泉を楽しむ総合レジャー施設として、敷地約一〇万坪に施設面積約六〇〇〇坪という、船橋ヘルスセンターが開園したのである。

直径三〇メートルの大ローマ風呂やジャングル風呂などをはじめ、その他約四〇もの趣向を凝らした風呂のほかにプールもあり、また、当時流行りは

じめたボウリングやアイススケートの施設、遊技場、劇場、舞台のある宴会場などなど、まさに昭和三〇年代の遊興はすべてここにあったといっても言い過ぎではないはずだ。

また、東京からの成田山参拝と船橋ヘルスセンターをパッケージした団体バス旅行もブームとなり、多くの人々の享楽の場になったこの施設は、一九六〇年代のピーク時には年間五〇〇万人という驚異的な入場者数を記録した。そこでこれにあて込んで、中小規模のヘルスセンターが日本全国に数多く出現することになる。

しかし、七〇年代に入ると急速に来場者が減り、昭和五二年（一九七七）五月五日、二二年にわたる歴史に幕を下ろすこととなる。閉館の原因のひとつは、関東の地盤沈下問題だった。大量の工業用水のくみ上げや、天然ガスの採掘などにより起きた千葉県や湾岸部の地盤沈下は社会問題となり、これを抑えるため、昭和四六年（一九七一）一〇〇〇メートルの深度から採る温泉やガスの採掘が規制されたのだ。温泉を売りにする施設にとって、致命的ともいえる大打撃であった。

環境の変化以外にも、閉館の理由はあった。それはやはり世の中の変化である。遊びの欲望を発散させるものはほかにいくらでもあふれる時代となり、人々の娯楽に対する欲求ははてしなく拡大していた。昭和五〇年には新幹線が岡山から先の博多まで延び、沖縄では海洋博が開かれた。日本は狭くなったのだ。東京近郊型のアミューズメントの在りかたが再考され、分岐した時代であった。

あのころ、大衆がいだいていた休息と遊興への欲求はヘルスセンターで発散されたが、それも時代の流れや人々のこころ移りとともに役目を終え、建物は解体され更地に戻された。

しかし、人間の欲望はそこで終わることはなかった。ヘルスセンターの消滅を待っていたかのように、今度は大衆ではなく大資本の欲望がこの地へ群がったのだ。昭和五六年（一九八一）、船橋ヘル

［右ページ］船橋ヘルスセンター（1961年・共同通信）

スセンターの広大な跡地には、三井不動産商業マネジメント経営による巨大な商業施設、「ららぽーと船橋ショッピングセンター」が開店する。その後平成一八年（二〇〇六）に「ららぽーとTOKYO-BAY」と名称を変更しながら、キャッチフレーズの「三井ショッピングパーク」に表されるがごとく、大衆の購買欲を満たす殿堂として生き続けている。

船橋の人工島は、こうしてヘルスセンター時代から決して変わらぬ欲望を刺激するアミューズメントとして、日本人を享楽の世界へと誘い込んでいる。

船橋オート六五年の爆音——船橋

船橋市の中心地にある旧「ららぽーと船橋」、現在の「ららぽーとTOKYO-BAY」はかつて船橋ヘルスセンターがあった埋立地につくられた商業施設だが、その場所から海方向、直線距離してわずか八〇〇メートルたらず、まさに目と鼻の先の場所にあるのが船橋オートレース場である。そしてここも埋立地である。

国内に公営のオートレース場は六つある。群馬県伊勢崎市、埼玉県川口市、千葉県船橋市、静岡県浜松市、山口県山陽小野田市、福岡県飯塚市で、中でも最初にオートレースをはじめたのが船橋で、昭和二五年（一九五〇）のことだった。つまりここ船橋がオートレース発祥の地なのだ。

平成二八年（二〇一六）三月二一日、晴天に恵まれた春分の日。船橋オートは朝から異様な熱気につつまれていた。最寄りの南船橋駅から一〇分の距離を歩く来場者の列は途切れることがなく、九時の開門からスタンドを埋めはじめる。初戦発走予定時刻の一〇時半前には、二万人収容可能なスタンド

［左ページ］船橋オートレース場、すぐ後方は一般住宅

は、前日の七五〇〇人を上まわる一万三〇〇〇人という、久しぶりの大入りとなった。この地に誕生し、六五歳五か月となった船橋オートの歴史に、今日幕が下りるのである。最後となるこの日のレースは「特別GⅠ共同通信杯プレミアムカップ」と題され、その日の一二のレースに九八人のオートレーサーが出場した。

　オートレースは正式な各レースに入る前に、かならず試走というのをおこなう。競馬でいえばパドックで馬の状態を見るのと同じで、マシンとレーサーの調子を見るためだ。一周五〇〇メートルの競走路（コース）を三周まわる。それを見たあと、観客は思い思いの車券（勝車投票券）を買うわけだ。

　発走予定時間前から、競走路の裏側の見えないところではマフラーを抜いたエンジンの空ぶかしの爆音が断続的に聞こえる。やがてオートバイ八台が競走路に現れ、すばやく発走となる。馬とはちがいゲートで手こずることもなく、あっけないほどあっという間に発走する。

　ファイナルレースだけ四二〇〇メートル（八周）で、ほかのレースはすべて三一〇〇メートル（六周）で競われる。最初のコーナー（曲がり角）に猛スピードで突進してくる選手の一団を見ると、初めて見る人はその格好の異様さに驚くことだろう。すべてのオートバイがいびつで、ハンドルが左右対称ではないのだ。

　地面をこすらないように左ハンドルは曲げられ、車体左側には不要な突起物ははずされている。これに乗るレーサーも普通の乗り方では対応できないので、左手で掴むハンドルの高い位置と、左足を地面に擦るようなアンバランスさで、身体は自然と傾いた格好になる。これはオートレースの特性によるもので、左まわりの競走路のコーナーを走り抜けるためには車体を限界まで倒し、なるだけス

[右] ボートレース発祥地・船橋
[左ページ] 船橋オートのコーナーの激闘

ピードを落とさないように保って走る。しかも一周ごとに四つのコーナーをまわるわけだから、車体を傾ける動作は六周なら計二四回にもなり、ほとんど倒しっぱなしのような状態となる。ならば最初からそういう仕様にするということで、レース用のオートバイはこのようにいびつで左右対称ではないスタイルになっているのだ。

爆音を轟かせながらのレースに観客は沸き、船橋オート最後の日、その最終レースの一着賞金六五〇万円は、地元船橋オートレース場所属、三九歳のベテラン永井大介が獲得し、これで船橋オートレース場での競技のすべてが終わった。

そして全国に六か所あったオートレース場は、これで五か所に減る。永井選手もこの後、川口オートレース場に所属を移した。

かつてこの海岸一帯と沖合は漁業者たちの生活の場だった。東京に隣接する臨海部には、いつのころからか工業地帯をもくろむ埋め立て業者が入り込み、漁業者はその漁業権を放棄する代わりに多額の補償金を得た。漁業は、養殖漁業を除けばある意味で賭け（博打）に近いところがある。大漁か不漁かは技術の裏づけはあっても、やはり魚しだいで、運まかせでもある。

船橋市には地方競馬の船橋競馬場と中央競馬の中山競馬場のふたつがあり、先に書いた船橋オートレース場もあった。ひとつの自治体に三か所のギャンブル場が存在したとは、考えてみれば驚きである。つまり賭け事に使う金と賭け事に興じる時間をもつ人々が、ここにはそれだけたくさんいる、ということかもしれない。漁業の街で育まれた、魚を追い求め漁労する漁師たちの荒ぶる精神が、埋め立てで海を失ったことによってギャンブルに転化した、そう考えるのはうがった見かただろうか。

東京湾カモメ休憩地——海ほたる

海ほたる（ＭＡＰ㉑）は、航空母艦のようなかたちで東京湾にぽっかりと浮かんでいるように見える。そこに接続する道路と橋が描き出す絵模様は、そんな空母の滑走路のようだ。島といわれれば島にも見えるが、道の一部といわれればそう見えなくもない。正しくは東日本高速道路のパーキングエリアの施設であり、もっと正確にいうと、木更津人工島という島の中につくられたパーキングエリアである。海のほたると呼ぶには、いささか美しすぎはしないだろうか。

千葉県の木更津から海上の架橋を走ってみると、そのかたちが実にわかりやすい。まず木更津人工島を遠くに見ながら走ると、しばらくして海ほたるに着くが、ここで休憩しなければ、そこから息を止め、海底トンネルの中を一気に潜り抜けて川崎の浮島（ＭＡＰ㊺）で浮上することができる。その距離約九・六キロメートルだ。海底通過に要する時間はわずか一〇分である。

広い東京湾の真ん中あたり、湾の東西が少しくびれた最短の場所を結ぶこの道路は、平成九年（一九九七）にできた。日本全土がバブル景気に沸いた狂乱の五年間は平成四年（一九九二）にはすでに終焉しており、この道路が開通したときはまったくもって不景気のどん底だった。だからこんな立派な道路をつくってしまいいったいどれほどの車が通行するものかと、本来ならば喜ぶはずの国民ですら心配したほどだ。

案の定、開通はしたものの通行料が高額だったため、マイカーなどは開通後しばらく敬遠してこの道路は使わなかった。当初の道路管理者（ＮＥＸＣＯ東日本）のもくろみでは、少々高い足代（通行料）をかけてでも、東京のビジネスマンたちは千葉のゴルフ場までやって来るだろうと考えていた。もち

ろんみごとにはずれた。不景気でゴルフ熱はとうのむかしに急下降しており、それ以上に東京のゴルフ場も料金を下げて客離れを防ぐ措置を講じていたため、この道路を使う客はめっぽう少なく、通行量は大幅な見込み違いとなった。これは当の道路管理者すら暇を持て余す状態であり、かなりの混雑を予想して増員されていた海ほたるの駐車場警備員たちも、心地よく吹く潮風の中でガードレールにとまるカモメを眺めながら、手持ちぶさたな日々を過ごしていた。

当初より普通車の通行料三〇〇〇円というのはあまりにも高すぎるだろうという声が圧倒的に多く、それにあと押しされるように通行料値下げを公約に掲げた森田健作が千葉県知事選に当選。平成二一年（二〇〇九）より普通車の通行料は四分の一に迫る八〇〇円にまで値下げされた。すると堰《せき》を切ったかのように、閑古鳥が鳴いていたアクアラインに通行客がどっと押し寄せた。ある意味で民衆の「適正感覚」は正しく、それゆえに実に現金なものであった。

サービスエリアとしての人工島・海ほたるには、やがて東京と外房を行き来する観光バスが引きも切らずに発着するようになり、大盛況となる。その後も早春の館山《たてやま》・外房バスツアーに、夏は海へ、木更津のアウトレットモールや千葉のゴルフ場へ、自家用車やバスのアクアライン利用率はうなぎ上りとなり、幹線道路としては年間を通して安定した利益を生み出している。連休時には相当な数で準備されたはずのトイレが、満員状態で長蛇の列となる現象まで起きている。

海ほたるは東京湾アクアラインの抜群の展望スポットとして、海を眺めながらのレストランやプリクラコーナー、そして土産売場などお手軽なアミューズメントも擁し、今日の安上がりな「遊びの時代」のグルーヴにうまく乗った。ここはもはや東京湾を横断する途中において、なくてはならない場所となってしまったようである。

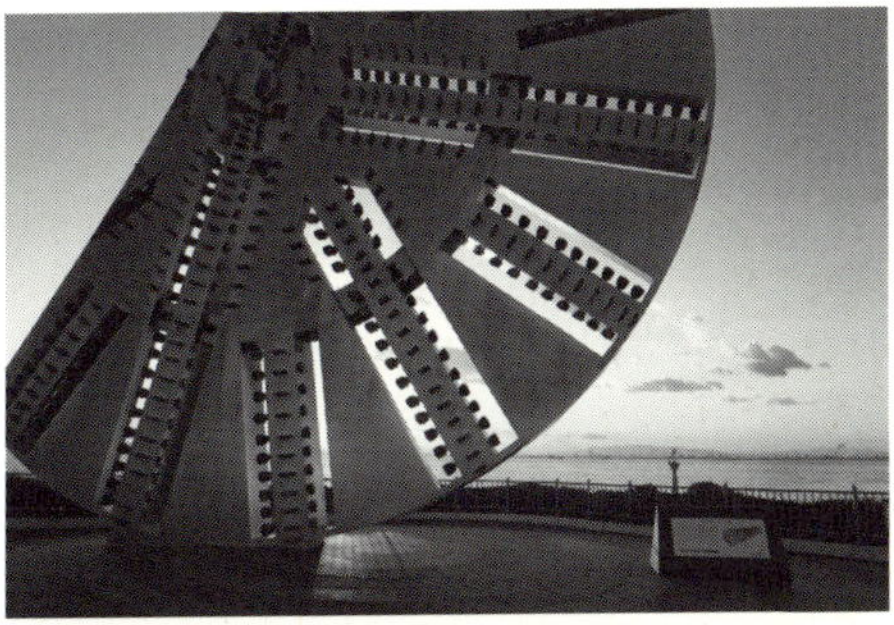

[右ページ上] 千葉側から海ほたる遠望
[右ページ下] 艦上のカタパルトのような海ほたるとアクアライン
[左] アクアライントンネルを掘った巨大カッター

水上滑走の格闘技――平和島

競艇とはモーターボート競走のことである。日本にはそういう競艇場が二四か所もある。そのうちのひとつが大田区の平和島競艇場で、平成二二年（二〇一〇）より競艇のことをボートレースという名称に統一したため、「ボートレース平和島」というしゃれたネーミングとなった。

平和島競艇場は昭和二九年（一九五四）、平和島（MAP⑰）の北西部にあたる現在地につくられたが、このころは島へと渡る唯一の橋だった平和橋の下には、勝島南運河が滔々《とうとう》と流れていた。今では運河のほとんどの部分が埋め立てられてしまったが、競艇場ができたころの平和島は、ひとつの独立した島のかたちをしていたのだ。

現在は勝島南運河の半分ほどが埋め立てられ、行き止まりになった運河の海面部分がモーターボートの走るコースとなっている。観客席のあるスタンドは島の岸辺に位置する。

レースの開催日にはボートの快音が水面に轟き、多くのファンがここにやって来る。大森駅や大森海岸駅からは無料バスが運行されているので、競艇場までの運賃はかからない。入場料はわずか一〇〇円。つまり賭けをせずに一日中昼寝しながら最終レースまで見ているだけなら、たった一〇〇円で楽しめるわけだ。賭けるための舟券（勝舟投票券）も一〇〇円から購入できる。

ボートレースとは、六艇のボートが左まわりに三周して、その速さ（タイム）を競うという競技である。見どころのポイントのひとつは、独特なスタートだ。一般的なヨーイ・ドンではなく、決められた時間内にスタートラインを通過するフライングスタートという方法である。エンジンをふかし上

[右] 競艇場正門出入口
[左ページ] 平和島ボートレース

6 坂口
平和島
3 山崎
平和島

げた轟音の中で疾走がはじまり、その途中でスタートが切られるのだ。六艇がほぼ同一のラインをいっせいによぎって行く。たとえルールや競技内容がよくわからなくても、胸のすく爽快感とスピードの興奮を味わうことができる。それがボートレースの格好よさであり、ギャンブル性をともなっておこなわれる由縁だろう。

スピードを落とさずにいかにコーナーを速く抜けて三周まわるか――がこのレースの至上課題なわけだが、それはオートレースにも共通する。ただし、ボートレースが決定的に違うのは、波の影響を受けるということだ。最大の見どころとなるのは、陸上競技でいえば第一コーナーにあたる、第一ターンマークをいかに速くまわるかという、順位と位置の争奪戦である。このとき二位以下の艇は、先行する艇の立てる波を否応なく受ける。その波をどうかわすか、あるいは先行する艇は、その波で後続をいかに翻弄するかがボートレースの醍醐味だ。

各艇がスロットルを全開にした「モンキーターン」（歩く親ザルの背中につかまって乗る、子ザルの格好）で第一ターンを抜けるとき、観衆からどよめきが起こったときは接戦の証拠だ。レース場は興奮のるつぼとなり歓声をあげての大騒ぎとなる。

平和島はかつて、橋を渡って行くしか方法のなかったころは特に、労働者の男たちが稼いだ日当をにぎりしめ、ひたすら競艇というギャ

ンブルだけを目的にやって来る孤島だった。レース開催の日には、あきらかに雰囲気の違う男たちの群れが、新聞と鉛筆片手にぞろぞろと歩いていた。殺気だつその眉間にはしのぎを削る「賭け」への切迫感のようなものがひしひしと感じられたものだ。

競艇も競輪もオートレースも、戦後解き放たれた自由な社会の中で、今まで抑えられていたものが取り払われたことを象徴するかのように、人々を熱くさせた。しかし同時にそれは、高度経済成長という荒くれ馬から振り落とされた者たちが、日銭を握りしめてひとときだけ我を忘れる、狂おしい賭け事の場でもあった。

ところが今はどうだろう。「ボートレース平和島」に集うのは、もちろん大半はレースに熱中する大人の男たちだ。しかしそんな中にも、若い恋人同士が観覧席の真ん中あたりでレースのときだけ観戦し、あとは女性の膝枕で休んでいる、そんなどこにでもいそうな若者たちの姿がある。子ども連れた夫婦も観客席の上のほうでレースを見ながらハンバーガーを食べている。かつてギャンブルにはつきものだった喧嘩や争いごとはなく、足もとのおぼつかない酔っ払いもいない。

時代が変わったのか、それとも日本人のギャンブルの楽しみかたが成熟したのかはわからない。ただ人工島・平和島は、今日もその名のとおり平和そのものである。

東京湾海底の天然温泉

大井競馬場のある勝島（MAP⓰）の名は、決して「競馬に勝てますように」と名付けられたわけではない。太平洋戦争中、鬼畜米英たる連合軍に勝てるよう「勝島」と命名された。

[右ページ] 平和島競艇場(ボートレース平和島)、向かい側は大森の高層集合住宅
[左] ボートレースの観客

それに対して戦後、「平和な世の中になりますように」との想いを込めて名付けられたのが、お隣の平和島（MAP⑰）である。昭和四二年（一九六七）九月三〇日が正式な誕生日（竣工日）とされる人工島である。

しかし実のところ、太平洋戦争より前の昭和一八年（一九四三）ころには、だいぶ島のかたちはできていた。昭和一四年に計画された京浜運河の建設がすでに開始され、島の埋め立てがはじまっていたからだ。ところが戦況の悪化で昭和一八年の年末から工事は一時中止となり、平和島は未完成の埋立地として、およそ一万平方メートルの土地がそのままで放置された。

それが戦後になり、すっかり国内経済も落ちついたところで埋め立て工事が再開。そして中断されたころの平和島とは比べものにならない、巨大な人工島として完成したのである。

東京で平和島というとそのネーミングのせいか、わりとソフトな町にとらえている人が多いようだが、この島は実に生々しい遊興の要素が強く漂う土地柄である。

かつて千葉県船橋では、昭和三〇年代にヘルスセンターブームが興り、周辺でおこなわれる競馬やオートレースとともに、埋立地造成の影響で漁業権をなくし行き場を失った漁師たちの享楽の場となった時代があったことは先に書いたとおり。そしてまた東京湾沿岸の対極地ともいえるこの京浜地区でも、船橋と同じように競馬場や競艇場といった遊興施設ができていく。ただしこちらの主役は漁業権をなくした漁師ではない。京浜工業地帯を中心とした工場労働者たちである。

そしてまた、この平和島も船橋と同じように、天然温泉の湧く場所がある。

昭和三〇年（一九五五）一一月に開業した温泉付き総合レジャー施設・船橋ヘルスセンターの好況に負けじと、昭和三一年八月より平和島でも京急開発による温泉掘削がおこなわれ、一日平均一五メートルで掘り進む中、一〇月には地下九五〇メートルで、（摂氏）三七度の湯を掘りあてた。

そもそも東京は温泉が出る都市として知られているが、その数は都心だけでも七〇か所以上あり、東京全体では二一〇を上まわるといわれる。なにしろ地中深く掘削すれば、東京ではどこでもほぼまちがいなく温泉が湧出するといわれているのだ。

平和島温泉は湧出量も一日におよそ一〇〇〇トン（掘削当初）と豊富で、温泉に付随し天然ガスもほぼ同量が出た。このガスは三七度の源泉を、四二度まで加温するため有効に使われた。

温泉を掘りあてた翌昭和三二年六月、京急開発は平和島に温泉施設を完成させ、念願だった東京湾の一大名所「平和島温泉会館」をつくり上げた。遊園地やプールが併設され、開館当初は連日来場者が一日三〇〇〇人を上まわるという大盛況だった。入館料金は大人一二〇円、子供七〇円で、当時の銭湯が大人一五円、小人六円であったから、庶民的かつ良心的な料金だった。

館内でおこなわれる歌謡ショーが呼び物となり、歌手の村田英雄、坂本九らが出演して人気を博したが、その一方で一〇〇〇足分用意した館内用のスリッパがほとんど持ち帰られてしまったり、湯呑や灰皿などを土産がわりにする客が後を絶たず、マナーの悪さが露呈した。また、血気盛んな労働者たちのいさかいや喧嘩がよく起こったことから、警察官と看護婦が常駐していたという。宇津井健主演で一世を風靡したテレビドラマ『ザ・ガードマン』の放映がはじまるのが昭和四〇年（一九六五）、警備員というものがまだ職業として一般化していない時代であった。

高度経済成長期とともに歩んだ平和島温泉会館は昭和五九年（一九八四）に閉館となり、その場所には現在の複合アミューズメント施設「ビッグファン平和島」が建てられた。その館内二階には「天然温泉平和島」があり、かつての源泉は今も受け継がれている。

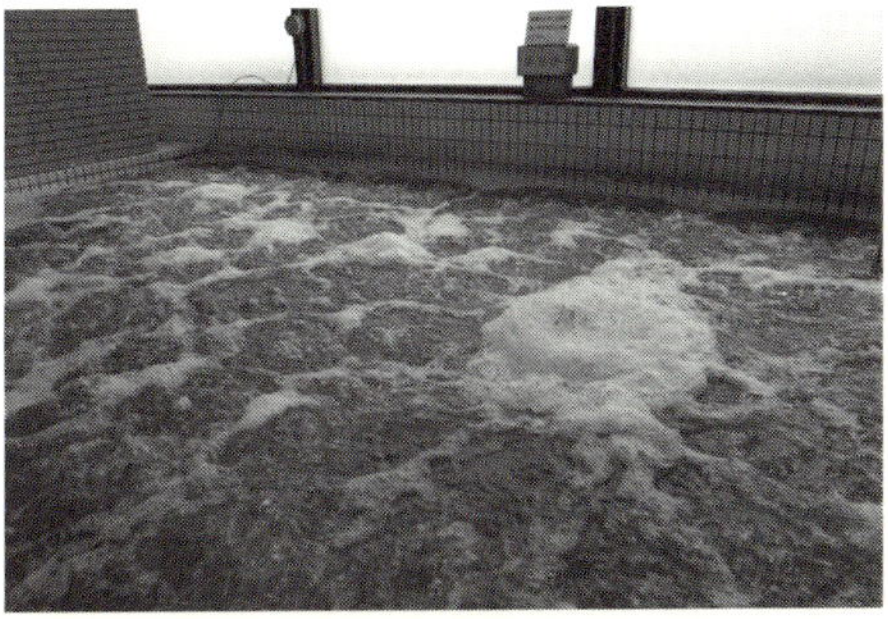
地下 2000 メートルから湧く平和島温泉

湯は当初よりさらにボーリングがおこなわれて、現在は地下二〇〇〇メートルから一日一五〇トンくみ上げられている。塩化物泉の温泉水は茶褐色で、帯広あたりに湧くモール温泉に似た色の湯である。この源泉は――埋立地のはるか地下深くということは、まぎれもなく東京湾海底の地中ということだ。東京湾で温泉につかるとはまさにこのことである。

わずか数十年という浅い歴史の埋立地でも、さまざまな時代が縮図のように残されている。これこそがまさに、人間がつくり出す人工島というもののおもしろさだろう。平和島温泉は戦後の経済成長期とともに歩んだ「享楽の先導役」だった。平和島温泉会館のテーマソングにはこんなフレーズがあり、耳に残る。

一度来たなら　二度三度
招く湯けむり　チョイト平和島※

昭和はずいぶん過去になりつつある。京浜のアミューズメントには、これから何が加わるのだろう。

※「平和島音頭」作詞・関根利雄　補作・松井由利夫　作曲・塩谷純一

第九章 東京湾環境循環装置 09

都市における浄化の儀式

日本は島の国家だ。本土のまわりには、まさに無数の島が点在する。外海の荒波の中にある島や、はるか太平洋の孤島もあり、そこで暮らす人々は離島苦といわれる抗《あらが》いようもない自然との過酷な闘いがある。それに比べると、東京湾という穏やかな潮だまりの中にある島は、まるで揺りかごの中でぬくぬくと守られる「安息の地」に思えるだろう。

しかし逆にいえば、外海の島にとってその島のまわりは、すべてのものを洗い流してくれる自然浄化の海である。これは厳しさと引き換えに地球が与えた大きな恩恵なのだ。それにひきかえ東京湾はもう、人が何かを仕掛けて動かさなければ湾内の浄化はできようもない。江戸がかつてのように小さな海辺の村だったころならばそれも自然の力で果たせたことだろうが、今日の巨大化した都市では自浄など無理な相談である。あなたは、東京湾がかつて一度死にかけたことのある海だったことを知っているだろうか。

ところで——、

滋賀県の琵琶湖は日本最大の湖である。西日本の人々ならその湖の中に日本三大弁天を祀《まつ》る竹生《ちくぶ》島があることを知っているかもしれない。しかしこの湖にもうひとつ、人が暮らす島があるのを知る人はきわめて少ない。

沖島。日本唯一、世界でもきわめて珍しい淡水湖の中にある有人島だ。この島はかつて、環境問題で大阪府民とぶつかり合ったことがある。

琵琶湖は、私たちはごく普通に「湖」ととらえているが、河川法に定められた日本の水系の区分では、実は「一級河川」である。つまり、琵琶湖は川なのだ。その中に、周囲六・八キロメートルの沖島はある。島民約三五〇人、島内の畑では自家用の野菜づくりがおこなわれ、島の産業としてはニゴロブナをはじめとする淡水魚の漁業である。島内には自動車が一台もなく、したがって信号も不要。しかし島民のほとんどが対岸の本土に渡るための自家用ボートを所有している。近年は猫が多い島として、デジカメやスマホを手に猫好きたちが集まることでも知られている。

そんな湖の中での平穏な島の暮らしが続いていたのだが、あるとき、琵琶湖の水質の悪化が問題となった。

それは都市部大阪から発せられた環境問題の提起だった。先に書いたように琵琶湖は法律上は「河川」である。川は流れその水はやがて淀川へと合流し、下流で取水され、主に大阪府の水源、つまり飲み水となっていたのだ。

そのため、水源の中に人々が暮らす沖島があることが問われた。島には家があり人々が暮らすということは、トイレも生活雑排水も畑の肥料もすべてあるということだ。それらもろもろが湖に流れ出

琵琶湖の中にある有人島・沖島

ないとはいい切れない。大丈夫なのだろうかという疑問の声が、下流にある都市部から上がった。閉鎖された水域の中でどうやって人々が水質を悪くせず暮らしていくのかという、非常に難しい問題が沖島の一件で世に問われたのだ。

結果、沖島は日本で唯一水源池の中にある有人島として、徹底した湖水の汚染防止策を余儀なくされる島となった。最終的には昭和五七年（一九八二）、沖島の中に汚水浄化施設がつくられることで解決を見る。また沖島の水道は、湖水を島内の浄水場で濾過《ろか》したものを使うようになっている。

沖島の問題は、東京湾の環境問題とも通底している。

東京湾には過去、回復不能といわれるほど海洋汚染が蔓延する時代があった。高度経済成長と引き換えに、海の白然とその豊かさがほぼ死滅したのである。

中国の憂慮すべき環境汚染が報じられる昨今だが、一九六〇年代の日本も同じようなものだったということを、今の若い人々は知らないだろう。とりわけ東京湾は都市部の発展と重工業の発達、住宅地の開発と建設がみごとなほどアンバランスに進み、法規制も後手にまわった結果、取り返しもつかないほどのヘドロの海となっていた。いや、「ヘドロ」という言葉すら死語で、若い人にはわからないかもしれない。吐（へど）と泥（どろ）の合成語ともいわれ、要するに海や川の底にたまったドロドロの汚泥のことで、ダイオキシンをはじめとする有害物質のごみ捨て場のようなものといえる。どちらにせよ当時の東京湾には、決してそのままでは土に還らない、さまざまなものが不法に投棄されていたのだ。

そんな東京湾は、現在どれだけきれいになったのだろうか？

東京湾にそそぐ猫実川（三番瀬付近）河口部

昭和三九年（一九六四）に東京オリンピックが開催されたころ、東京湾川崎あたりの海の透明度は、せいぜい三〇センチメートルだったといわれる。そんな汚い海に好き好んで潜る人もいなかっただろうが、たとえばダイビングで潜ったとすると、それは水中で手のひらを水中マスクから離していくと、腕を伸ばしきる前に自分の手が見えなくなるほどだ。それが最近の東京湾は違う。冬場ならば、二メートルぐらい先までは見えるようになってきた。

経済活動というものは、途中でのブレーキの掛けぐあいがとても難しい。走るだけ走って、どうしようもなく走ることに不都合を感じたところで、やっと大がかりな点検をして改善しようとする。現在東京湾でおこなわれている「浄化」も、走り切った後の点検、しかもまだその最中といったところだろうか。

そして湾岸部を埋める人工島には、東京湾の環境改善に貢献する施設が実は数多くある。都市から出てくるさまざまなものの処理が、今もそこで静かにおこなわれているのだ。

下水処理水にホタルが育つ——昭和島

繰り返して言おう、東京湾は一九六〇年代に一度死んだ海である。公害、海洋汚染。高度経済成長の果てに、工業廃水が適切な処理をされずそのまま海に垂れ流され、人々の生活から出る雑排水も多摩川や隅田川などの河川を伝って流れ込むままで、東京湾はその廃水のたまり場だった。油脂や洗濯水、ペットボトルやビニール袋などの腐食しにくいゴミ、近代農業には不可欠な化学肥料などであふれていた。しかし当時の日本人は、海は塩水だから自然の浄化作用があり、少々汚すぐらいであれば海はもとどおりに回復するものだ、というぐらいの知識しか持ち合わせていなかった。また社会的な認識としても、環境というテーマに関して論じ合う土俵すらない時代であった。

しかしその後、水質汚濁防止法という厳しい規制が制定され、環境学習の高まりなどによる官民の意識向上と啓蒙活動もあって、あれから半世紀を経た今、東京湾は再び美しい本来の姿を取り戻すべく、復活の道を歩みはじめるようになった。

そして法による規制もさることながら、その東京湾復活の原動力の大きなひとつとなっているのが、あまり知られていないが、東京都下水道局水再生センターの取り組みである。

埋め立て人工島の昭和島（MAP⑱）、昭和の時代につくられたことからその名前が付けられた。この島には水再生センターと鉄鋼団地、そして東京モノレール車両基地という三つの企業しか存在しない。京浜地区にある、典型的な「仕事の島」である。鉄鋼団地は別にして、ほかの二企業は仕事関係者以外の来訪者は、許可がないと基本的に立ち入ることができないことになっている。

だから水再生センターに行くには東京モノレール昭和島駅で下車、檻のように閉ざされた駅改札からインターホンで担当職員に連絡し、迎えを待って開錠してもらわなければ入場できない。

昭和島にある水再生センターの正しい呼び名は、「森ヶ崎水再生センター」という。二か所に分かれており昭和島にあるのが東処理場、その対岸の大森にあるのは西処理場である。つまりこの二か所の間には京浜運河があるわけだが、運河の海底には約二〇〇メートルのトンネルが通っていて、下水道局の車だけが行き来できるようになっている。地図にも載らない秘密のトンネルである。

かつては下水処理場といったが、今は水再生センターという。下水の処理水を再生・再利用

東京湾環境循環装置

森ヶ崎水再生センター入口

するという積極的な処理施設の意味もあってこう呼ぶのだ。水再生センターは東京の各所にあり、それぞれのセンターは管轄の地域から流れてきた下水を処理し、海に戻していく。だから下水処理場は基本的に海のそばにある。森ヶ崎水再生センターに集まってくる下水は、多摩地区や世田谷区などの工場から出る廃水、家庭で使われた廃水、道路の側溝に流れ込んだ雨水や汚水などだ。下水処理場に集まってきたドロドロの汚水が、どういう処理過程を経てどこまできれいな水になるのかという公開実験が、平成四年（一九九二）におこなわれ話題になった。この昭和島で下水処理した水を使い、ホタルを育てることに成功したのである。ご存知のようにホタルはきれいな水にしか棲めない。生態系的に、酸素の豊富な清流域でなければ生息不可能なのだ。では具体的に、汚水はどのように浄化されるのだろう？

まず、都市部の地中に埋められた下水管を伝い流れ、下水処理場まで下ってきたさまざまな混合物の汚水は、最初に下水処理施設の沈砂池へ流されていく。ここで砂や大きいごみなどが取り除かれるのだが、そのごみの中にはたまに自転車や植木などとんでもないものが紛れこむこともあるという。続いて第一沈殿池、第二沈殿池と、汚水をゆっくり流しながら細かい汚れを沈ませる処理がおこなわれていく。その間で「ばっ気槽」での処理というものがおこなわれる。実はここが、下水処理でもっとも重要なところなのである。

ばっ気（曝気）というのは液体に空気など気体を送りこむことだ。大きなごみが取り除かれた汚水にばっ気をして、そこに微生物を加えることで、汚水を活性化させ、汚泥（＝活性汚泥）をつくりだすのである。顕微鏡で見るとフロックと呼ぶ活性汚泥のかたまりを見ることができる。

そしてこのフロックにするところまでがひとつの大きな過程で、これができると、水はある生物に

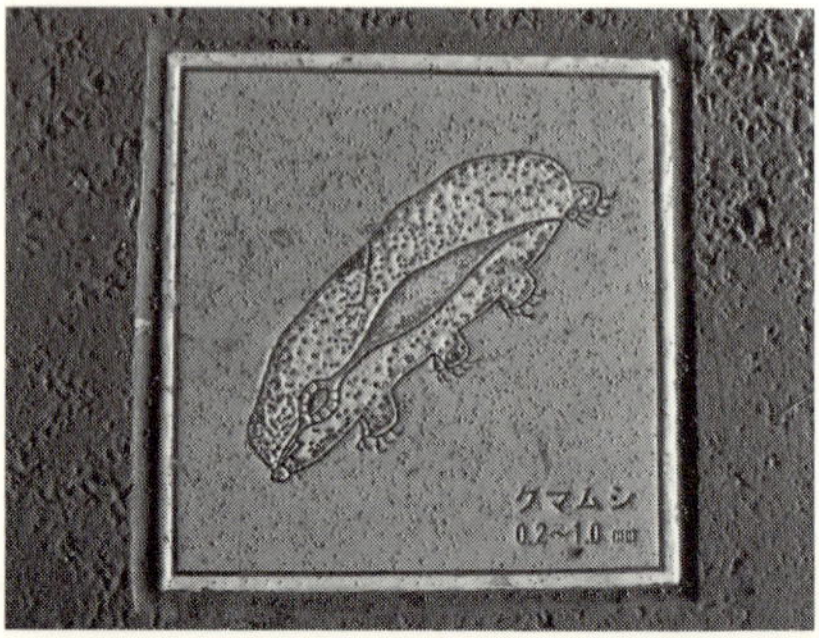

［右］浄水場のモニュメント
［左ページ上］浄水の一工程
［左ページ上］森ケ崎水再生センターの浄水施設

バトンパスされて次の過程がはじまる。その生物とは多細胞生物といわれる動物プランクトン「ワムシ」の一種で、「トリコケルカ」「ロタリア」という聞きなれないものだ。ほかに単細胞生物の「アスピディスカ」、「アメーバ」、「アルセラ（有殻アメーバ）」という仲間たちもいて、これらがいっしょになって、活性汚泥のフロックを食料として食べてくれる。つまり汚水の中の汚れのかたまりを、微生物に食べさせることによって水はきれいになっていくわけだ。

下水の汚れた水が活性汚泥を使ったバイオテクノロジーによって、ホタルが育つほどのきれいな水に換えることができる。昭和島の下水処理施設は、まさに日本の下水処理技術の高さを示す取り組みをおこなっているのである。

下水処理を終えてきれいになった水は東京湾に放流されるのだが、その放流する水を施設内につくった小さなビオトープ（生物の生息空間）に流し、ホタルを育てた。職員が幼虫に餌のカワニナを与えて世話をすると、ホタルは無事成虫になったのだ。公開実験で見学に訪れた子供たちにとっては、汚れた水を普通の水に再生するのに、微生物が関わっていることのほうが不思議そうだった。まさに活性汚泥の魔法、微生物というあまりに小さい生き物の持つ底知れぬパワー。埋め立て人工島の下水処理施設内では、実に壮大なバイオ宇宙が展開しているのである。

水道料金とは、蛇口をひねれば出てくるきれいな水の「上水」と、使い終えて捨てられる「下水」のふたつを合わせた使用料である。しかし料金明細をつぶさに見れば、上水のほうが下水より高い。多くの人がこの事実に疑問を持たないようだが、排出した汚水がこうして浄化されるまでには多くの工程を経るため、コストとしては上水より下水のほうがはるかにかかる。

昭和島にある森ヶ崎水再生センター、その東処理場で処理されたきれいな水は京浜運河に放流され、対岸の西処理場の水は海老取川に放流される。こうして排水される水質が各所でよくなれば、東京湾全体の水質は今後も少しずつだが改善されていくことだろう。このあたりまえの取り組みが今、東京湾岸部や人工島各所でおこなわれている。

都市ごみの中にあった金鉱山——夢の島

かつて埋め立て14号地としてつくられた人工島には、一九五〇年代ごろから「夢の島」（MAP❹）という名前が付けられた。野積みで捨てられるごみの時代を経て、その島には東京都のごみ焼却施設が建てられ、いつしか都市から出る膨大な量のごみの処分をおこなう島となった。

夢の島にごみのイメージを重ねてしまうのは、昭和三〇年代から四〇年代にかけて学生だった人たちか、その上の世代の人だろう。今の若者たちは、夢の島といえば公園を挙げ、マリーナや熱帯植物館を思い浮かべるようだ。ただしそんな若い人たちでも、ここに巨大な清掃工場があることは知っているようだ。

そう、江東区夢の島には国内最大級、少し前までは世界第二位の規模だったといわれる新江東清掃工場がある。ここでは最新の公害防止設備で煤塵《ばいじん》から硫化水素、硫黄酸化物、水銀などをほぼすべて除去し、もっとも有害だとされるダイオキシンなどはさらに別な方法で法基準値以下の水準に下げることができる最新鋭機が設置されている。この工場で一日に処理できるごみは、一八〇〇トンという量におよぶ。

そのごみ処理能力もさることながら、それ以上にこの清掃工場の優れたところは、ごみ焼却

新江東清掃工場

東
12
13
14
15
16
17
18

から出るエネルギーを電気や熱に置き換えて、必要とする場所に循環させていることだろう。

まず第一に、発生した熱をボイラーで熱回収して蒸気を発生させ、蒸気タービン発電機で発電している。もはやごみはただ燃やして処理できればそれでよし、という時代ではない。持ち込まれるごみを燃やし、そこから電力を生み出してそれを売るとは実に合理的だ。なにしろ新江東清掃工場二〇一三年度の総発電量は一億六〇七三万キロワット時で、そのうち売電されたのは九六七八万キロワット時。その売電収入は一八億二九九二万円におよんだというから驚きである。

そして清掃工場から出るもうひとつの副産物は、余熱利用交換機を使ってつくり出される高温水である。電気もそうだが、高温水も清掃工場内の必要量をまかなったうえで、それ以外は他所に売られている。なかなかしっかりと、稼ぐところはちゃんと稼いでいるのだ。新江東清掃工場でできた高温水は、すぐ隣にある夢の島熱帯植物館へ送られて館内の温度管理に使われるほか、近くの辰巳（MAP❿）にある東京辰巳国際水泳場へも送られる。こうして取り出された電気や高温水となったエネルギーは、決して無駄にすることなく必要な場所で使われるのだ。

ごみは（摂氏）八〇〇度で焼却処理されると焼却灰になる。ところが、燃やされる前からごみの中にはさまざまな少量の金属をふくんだものが紛れ込んでいる。そこで、一度焼却されたその焼却灰を今度は一二〇〇度というさらなる高温で「溶融」という処理をおこなうのだが、それをおこなう炉のことを灰溶融炉という。東京二三区の清掃工場の中でも、この設備があるのは六か所だけである。

そして溶融をおこなうとスラグという砂状の鉱滓《こうさい》（鉱物のような物質）が採れる一方、それとは別に溶融炉の底に重金属類が残る。底にたまるこの金属のことを専門用語で「炉底メタル」といい、これが実はたいへん価値の高いものなのだ。金、銀、銅のほかにチタン、マンガンをふくんだ塊である。

［右ページ上］新江東清掃工場にごみを降ろす清掃車
［右ページ下］ごみを焼却炉に移す巨大アーム

一年一度、定期点検のために溶融炉が停められると、炉の底からこの金属が取り出され資源として回収、そして売却される。二〇一四年の一年間で、六か所の清掃工場から回収されて売却されたメタルは合計一四八五トン、その金額は七億五九六九万円にもおよんだ。かつて佐渡島《さどが》は徳川の財政を支える重要な金山として知られたが、こんなに都心に近い埋立島に、現代の宝の山が存在することはあまり知られていない。

スーパーエコタウン——城南島

むかしはごみといえば生ごみも燃えないごみも、そのままごみ置き場に出せば清掃車が集めて持っていってくれた。ごみは集めたままの状態で沿岸部の埋め立て地に運ばれ、そのまま野積み（野ざらし）で捨てられた。そんなごみの中には不要となった電化製品や卓袱台《ちゃぶだい》なども、平気で捨てられていたときがあった。今日のように、高温で燃やして一般ごみを二〇分の一という最小の体積にするという考えかたや、不燃物などを細かく解体し、焼却部分と資源とに分けてさらに小さいごみにするという努力はいっさいしなかった。そう考えると、かつてはほんとうに大ざっぱな方法でごみを捨てていたものだとあらためて思う。

しかし第二章で記したように、東京湾の埋立地もそろそろ飽和状態が近い。現在ごみ処理場の最前線たる中央防波堤埋立地もあと五〇年で満杯となる。その後は、もう東京都の海面にごみの最終処分地はなくなる。いよいよせっぱ詰まったというべきか、ここにきて今日のごみの現状をなんとかしようという動きがにわかに活発化している。

大井埠頭（MAP⑭）がある大井は全体が巨大な埋め立て人工島だが、その南東部の一角に、大井とつながるかたちで城南島（MAP⑮）がある。ここは昭和一四年（一九三九）に埋め立て許可が出て以来、平成八年（一九九六）に竣工するまで、じつに半世紀以上を費やして完成した人工島である。

埋立地というのは、造成する前からある目的がつくられ、その期待の中でつくられるものと、とりあえず埋め立てを進める中で完成後の詳細なデザインを後付けで決める二通りがある。この城南島はあきらかに後者である。第二次世界大戦開戦の年に埋め立て許可が下り造成がはじまったという事情もあるのだろうが、島のデザインは戦後、それも竣工後に確定したといっても差し支えない。

城南島は近年、バーベキュー施設の整った海浜公園として、都心部のファミリー世代ににわかに人気が出てきた場所だが、その一方で、この島には「スーパーエコタウン」と呼ばれる一角がある。平成一三年（二〇〇一）に、当時の石原慎太郎東京都知事の肝煎りで国に提言された「首都圏再生緊急五か年一〇兆円プロジェクト」構想から生まれたひとつで、城南島に七社、中央防波堤内側埋立地に二社、計九社の廃棄物処理・リサイクル施設が集合する工業団地である。ここでは二四時間三六五日、都心部からトラックで運ばれる廃棄物が持ち込まれ、リサイクル処理が休むことなくおこなわれている。

私は年間を通して月に二度の割合で東京都環境公社が主催する「スーパーエコタウン見学会」に申し込み、城南島内のふた

［上］リサイクル施設に持ち込まれる期限切れ食品
［下］リサイクルによってつくられた配合飼料

つのリサイクル施設を見学した。

ひとつは食品廃棄物（生ごみ）を、養鶏や養豚に使う配合飼料の原料にリサイクルするアルフォという会社である。この施設では、ホテルやレストラン、コンビニエンスストアなどから出る食べ残しや期限切れ食品、食品製造と加工過程で出る残渣《ざんさ》（溶解やろ過などの後に残る不溶物）などを、天ぷらを揚げて水分を蒸発させる原理の「油温減圧乾燥装置」という機械を使い、およそ九〇分間で一〇トンという量の家畜用配合飼料原料をつくり出すことができる。処理できる廃棄物の量は一日量約一四〇トンである。

白い巨大な箱のような無機質な施設は、入り口を入ったとたん、食品の発酵物らしい独特のにおいを感じるが、特段不快というものではない。それ以上に、水分蒸発のために使うという油温減圧乾燥装置の放熱と機械音の大きさに驚く。この音や臭気のことがあり、やはり都心部から離れた人工島が立地として適しているのだろう。

もうひとつ見学したのは、建設混合廃棄物のリサイクル工場の高俊《たかとし》興業だ。ここは一日に四トンダンプカーでおよそ七〇〇台分の廃棄物処理能力をもつ施設である。

運び込まれるのは再資源化が難しいといわれる建設廃材である。これを機械処理工程前に、徹底した前処理作業をおこなうことにより、およそ九三パーセントという驚異的な再生循環を果たしている。残りの、どうやっても再生できないものはおよそ七パーセントほどだそうで、それらは最終処分としてごみ埋立地にまわされる。

運河を挟んで城南島の対岸には、世界へと羽ばたく羽田の東京国際空港がぺったりと水平線にはりついて見える。飛び立つ飛行機から真下に見えるであろう城南島だが、上空からでは島の中で何を

建設混合廃棄物の仕分け作業

やっているのかまるでわからない。見ようという気でのぞいてみないと、なかなか中のことがわからないのが島というものである。地味でめだたない城南島のリサイクル企業だが、資源循環という課題をもつ東京にとって、きわめて重要な仕事を担っている。

有毒PCBのゆくえ――中央防波堤内側埋立地

長い間なんの疑問もなく使ったり食べたりしてきたものが、今日になってとんでもない毒性のあるものだとわかるとほんとうに困惑する。その最たるもののひとつが、かつて「石綿《いしわた》」と呼ばれさまざまなところに使われてきた、鉱物繊維のアスベストだろう。

保温と断熱効果のある建材として建築の際には特に重宝されていたものだったが、その後何十年も経ってから、石綿には発がん性があり肺がんや中皮腫《ちゆうひしゆ》を引き起こすものだという衝撃的なことがわかった。現在は製造も使用も禁止されているが、当時石綿の製造やそれをあつかう仕事をした人の中には、この病気で苦しむ人たちが今もいる。

こうした、過去の見識の甘さや国の認識、毒性の基準と取り締まりがのちに重大な事態を引き起こすケースは過去に多く、現代でもこうした基準や認識の甘さで指針が後手にまわることも少なくない。

終戦から二〇年以上経った昭和四三年（一九六八）といえば、経済成長著しいころである。その活況のさなかの日本で、あってはならない化合物の混入事件が起きた。

食用油（こめ油・米糠油）の「カネミライスオイル」を製造する工程で、脱臭の際に使用されるPCB（強毒性）が配管から漏れて油に混入し、その油を使用した食品を食べた人々が次々と食中毒を起こした。九州の福岡県や長崎県を中心に、西日本一帯の広範囲で発生したこの中毒事件は「カネミ油症事件」と名付けられ、今日も被害者の苦悩は続いている。

その惨禍《さんか》のもととなったＰＣＢはポリ塩化ビフェニルという化合物（合成油）のことで、人体にとって強い毒性をもつ。昭和二八年（一九五三）ごろから製造がはじまり、昭和四七年（一九七二）に、日本では製造と使用が禁止されたいわくつきの化合物である。

もともとＰＣＢとは何に使われていた物質かというと、工場やビルなどの電圧を変える高圧変圧器（高圧トランス）の中に、絶縁油として使われていたものである。もっと身近なところでは、伝票や帳票の間に挟んで複写に使う、ノンカーボン紙などにも使われていたとても用途の広い化合物だった。

しかしこれがとんでもなく強い毒性をもち、人体にきわめて危険な化合物だと危機感が持たれるようになったのはずいぶん後で、そのときはもう日本全国くまなくＰＣＢは使われるようになっていたのである。カネミ油症事件では、体内に入ったＰＣＢが浸透して重い皮膚疾患や肝機能障害などを起こしたが、今なおその治療法も解毒方法もなく、解決できぬまま現在にいたっている。

今はもう使われることがなくなった過去にＰＣＢを使用してつくられた製品は、現在は「廃棄物」となっているものの、実は依然として我々の身のまわりに存在し続けている。

ＰＣＢを無毒化するには大変な手間がかかり、また高度な設備がないと処理自体が難しいこともあり、長年にわたってその処理は放置され続けてきた現状がある。

はたして今、全国にどれほど処理を待つＰＣＢがあるのだろう？　とりわけ東京には潜在数をふくめ膨大なＰＣＢ量が潜んでいそうである。実体はある程度つかんでいても、実数はなかなか計りきれないようだ。

PCB 廃棄物の処理施設 JESCO

そうした危機感もやや遅きに失したように感じられるが、ようやく平成一六年（二〇〇四）から、ＰＣＢ無害化処理を進めることに拍車がかかった。埋め立て人工島・中央防波堤内側埋立地（ＭＡＰ⓫）に、ＰＣＢ廃棄物の処理施設ＪＥＳＣＯ（中間貯蔵・環境安全事業株式会社）が建設された。これは全国五か所に展開する国の先導・監督でつくられた処理施設のひとつで、政府出資で設立され、一般的には「東京ＰＣＢ処理事業所」と呼ばれている。

五階建ての巨大な箱のようなかたちをした処理施設は、内側埋立地の西寄りにある。無害化処理のために運ばれてくるＰＣＢは東京、神奈川、千葉、埼玉からのもので、一日二トン相当のＰＣＢが処理されるのだが、無害となる数値まで下がらないものに関しては数日かけて再度処理をおこなうため、一日の処理量というのはあくまで目安といえる。

そのＰＣＢ処理方法だが、簡単いうと、作業は高温・高圧の熱水の中でおこなわれ、その過程でＰＣＢから塩素を抜き、それをさらに、水と食塩と二酸化炭素に分解して無害化する。数多くの工程を経た最終段階では、下水道に流せるまで無害化して排水される。

一方ＰＣＢが使われている高圧変圧器や高圧コンデンサといった機械類は、まず徹底的に洗浄を繰り返し、その後解体作業を経たあとＰＣＢを抜き取ってから、その無害化がおこなわれる。

この「東京ＰＣＢ処理事業所」は一般の見学も可能だが、私たちが実際にその作業状況を見られる場所は、実のところほとんどない。ＰＣＢが飛び散ることも危険だが、そもそも圧力をかけておこなう作業のため、外部と遮断しておく必要があるからだ。

これだけ厳重な管理のもと、ある意味人目に触れない状態でおこなわれる無害化処理というものも

PCB 廃棄物処理施設内

のしい状態こそ、この物質がもつ恐ろしい危険性をよく表しているともいえる。だからこそ、商業施設や居住地がいっさいなく、動植物も生息していなかった真新しいこの人工島こそが、処理施設現場としてうってつけだったのだ。

東京湾清掃船

深夜タクシーも見あたらなくなった夜中の東京都心部。黄色灯をまわしてせっせと路肩を移動していく二台の路面清掃車。交通量がとんと減る時間帯が、この車の働く時間である。通り去ったあとを見るとごみも枯葉もきれいになくなり、路面には水まで撒かれ濡れて光っている。

一方、夜中におこなうことはまずないが、日中の東京湾では路面清掃と同じように、海のごみを清掃しながら海面を移動していく船がいることを、あなたはご存知だろうか。

千葉港湾の端に、ちょっと変わった格好の船が停まっている。全長三二・五メートル、およそ二〇〇トンというその船は、ふたつの細長い船体を並べてつなげたような外観の双胴船で、その名を「べいくりん」という。「Bay-Clean（湾の清掃）」、つまり海の掃除船である。

べいくりんは平成一三年（二〇〇一）に国土交通省の持ち船としてつくられた清掃船（兼油回収船）で、現在、東京湾のさまざまなところで活躍している。

この船には、船体の双胴の間に海上のごみをすくい上げるための、手の役目をするスキッパーという装置がある。これで海上のごみを船内のコンテナに回収する。川から流れこんだ漂流物、不法投棄されたもの、なんらかの事情で海上に漂い出たものなどごみといってもさまざまだが、中でも

東京湾の漂流物を回収する「べいくりん」
(国土交通省関東地方整備局千葉港湾事務所ホームページ動画より)

多いのが、海に浮く木類と発泡スチロールだ。今まで回収されたものの中には、海上を漂っていた犬小屋や仏壇らしきもの、冷蔵庫、プロパンガスボンベなど、よくぞこんなものまでが、と思ってしまう珍品もある。また船首には二基の放水銃が装備されるほか、船体には油回収タンクが装備され、海面の油を発見すると近づいて双胴の間に油をかかえ込むようにして回収していく。なんともよくできた清掃船ではないか。

べいくりんのほかにも、東京湾の六か所の港（千葉、木更津、東京、川崎、横浜、横須賀）では全部で一八隻の清掃船（兼油回収船もふくむ）が活動している。その全船が一年間で回収するごみの量は六〇〇〇〜九〇〇〇立方メートルという膨大な量で、これが放置されたままプカプカと浮いて東京湾を流れていたら、船に衝突したりスクリューに絡んだりして湾内は大混乱となる。そういうことにならないよう、東京湾の中では清掃船が日夜ごみを拾い集める作業を続けているのだ。ちなみに沿岸六港の中でもとりわけごみが多いのは東京港、木更津港、横浜港で、この三港で回収されたごみの大半を占める。

東京湾にとってこれらを放置しておくわけにはいかないのは、ここが日本の海の玄関であり国家の顔としての美観ということもあるが、それ以上に事故防止という点から海上のごみは見逃せない。運河や港内など東京湾のすみずみまで回り込みながら海面清掃をしてくれる清掃船べいくりんは、まさに東京湾の「ルンバ」だ。海のごみを拾い集めながら、今日も東京湾を走り回っている。

東京湾を流れる三途の川・散骨の風景

狭小な日本において、ごみ焼却の清掃工場や火葬場の建設とともに、墓地の確保は常に問題をかかえている。住宅地や商業地内、あるいはその近くに墓地をつくろうとすると、かならず反対の声が上がる。自分勝手なようだが、もともとあったのならまだしも、「新しくつくらなくともいいのではないか」というのは、多くの人の本音だろう。これは日本人が本来的に持つ「死に対する禁忌」が根源にあるように思う。縁起の悪いものを遠ざけたいと思うのは自然な思いでもあり、それは日本人の死生観に由来するものなのかもしれない。

一方で、東京には墓をもつことや、墓には入りたくないと希望する人が増えているという。土地と人口密度がそういう考え方にさせるのかはわからないが、生前のうちに自分の葬送を考え、死後はその遺志に沿っておこなってもらおうと考える人が、近年ずいぶん数を増やしたように感じる。

そうした中、二〇〇〇年ころを境にして、東京湾の洋上で「海洋散骨」という海の自由葬（自然葬）をおこなう人が年を追って増えている。

海洋散骨とは墓地に遺骨を埋葬せず、海に遺骨をまいて葬送することである。火葬したあとの骨を、人骨のかたちとはわからない程度の粉骨（粉末状）にして、海にまくのだ。

東京を流れる河川や、東京湾内で観光船や遊覧船を運航するＺＥＡＬ（ジール）という会社では、他社に先駆けて平成五年（一九九三）から、東京湾での海洋散骨を請け負っている。この会社は、東品川の天王洲アイル（ＭＡＰ㊹）近くにある高浜運河にヤマツピア桟橋という小さな基地をもち、海洋散骨に向かうクルーズ船はそこから出港する。

海洋散骨クルーズは年に三回ほど定期的におこなわれていて、料金は乗合式で約一二万円（遺族は三名まで乗船可能）ほどと廉価なのだが、葬送を他人とともにはしたくないという心情がどうしてもはたらくことが多く、一隻に複数組が乗る乗合式より、プライベートの貸切（料金は乗合の約二倍）のほうが

[左ページ] 東京湾羽田沖の風景

好まれるようだ。ＺＥＡＬでは年間一〇〇件ほどの海洋散骨をおこなっていて、同業者もこの数年でその数を伸ばし、現在は実に十数もの企業が東京湾での海洋散骨事業に乗り出して、増々の需要が見込まれている。

では実際の散骨はどのようにおこなわれているのだろうか。

まず船の準備が整うと、遺族と遺骨（粉骨）とともに親戚友人が乗船し、散骨海域に向かう。その場所は羽田沖から中央防波堤外側の南海域で、東京湾の船の航路（第一航路）をはずした場所だ。出港から三〇分ほどで着く東京都海面部分の南の端である。

船を停め、散骨と献花をおこない、黙祷とともに船はその海域を周回して終了。そして帰港する。宗教の絡む葬式ではないので、もちろん読経などない。これはあくまで自由葬の、海洋散骨という葬送なのだ。

かつてのヘドロの海というような東京湾では、海洋散骨などありえないことだっただろう。しかし東京湾での海洋散骨を希望する人がこれだけ増えてきたということは、東京湾のイメージも水質も、格段に向上したということの証だろう。

生前に海洋散骨を希望する人の多くは、やはり海とのかかわりが強い人が多いようだ。外国航路の船員など海の仕事をしていた人、クルーザーが趣味で海を遊び場にしている人、あるいは旅の好きな人たちだ。固定された場所にこだわらない人が海という自由な場所を好むのだろうか。そしてなによりも特定の宗派と宗教観をもたない人というのも、現代の特徴的な傾向といえる。

人が亡くなれば葬儀をおこない、さまざまな弔いもするだろう。それが現世に生きる人々の「なぐさめ」というものだ。しかし人間があまりにも多くなりすぎたり一か所に集中しすぎると、人はとたんに冷たくなる。生産性という点でほとんど社会に貢献しない墓地は、それでなくても狭くかぎられた土地しかない都市部にあっては、もはや「反公共的」だと考える人さえ出てきている。都市部での墓地の確保は、もう今となっては難しい。東京湾を渡り、海の流れのたゆたう中に安住の場所を求めるという考えかたが増えてきたのも、また自然のなりゆきなのかもしれない。

鎮魂《レクイエム》、次代に託す「海の森」

大友克洋による人気劇画『ＡＫＩＲＡ』は、二〇一九年の近未来を舞台に描かれている。主人公の金田や鉄雄が暮らすのは、東京湾全体を埋め尽くすように建設された巨大人工島「ネオ東京」である。しかもこの作品は一九八二年に週刊誌での連載がはじまったのにもかかわらず、物語は二〇二〇年の第二次東京オリンピックの開催に向けて、新しいスタジアムづくりが急ピッチで進んでいるという、まるで現代を予言したような内容になっている。

しかし、この東京湾内に新しい「東京」を出現させようという計画は、決して劇画の中だけのお話ではない。たとえば古く江戸時代後期の思想家・佐藤信淵《のぶひろ》が、千葉・富津から浦安、そして江戸湊よでにかけて巨大堤防を築き、その内側を干拓して米や塩を生産しようと考えた。もちろん実現はしなかったが、これが文化・文政の時代（一八〇四〜一八二九）というから驚いてしまう。

次に構想されたのが本書第四章でも述べた、明治末から大正にかけての、浅野総一郎による京浜間築港とその浚渫土砂を利用した大規模埋立地造成であり、これは京浜臨海工業地帯の形成となって結実。その後、日本の近代工業の飛躍的な発展を支えることになる。

さらに太平洋戦争後の昭和三二年（一九五七）には、当時の日本住宅公団総裁・加納久朗《ひさあきら》が「新東京構想」というものを打ち出している。東京・晴海から千葉・富津を結ぶ東京湾内二億五〇〇〇万坪を埋め立て、当時の人口問題と住宅難を一気に解決しようという壮大な計画であり、これは時の電気事業再編成審議会会長で、「電力王」「電気の鬼」とも呼ばれた松永安左エ門に引き継がれ、昭和三二年、松永らが関わる産業計画会議から、その名も「ネオ・トウキョウ・プラン」として発表された。

こちらは東京湾の中央に約二万ヘクタール（六〇五〇万坪）の巨大人工島を造成。これを湾岸埋立地と道路で結び、羽田に代わる新国際空港や住宅、工場地帯を建設し、さらに川崎から木更津間には防波堤をつくりそこを横断道路にして、鉄道も併設するというなんとも超絶な大構想であった。ひょっとすると大友克洋はこれにインスパイアされて『ＡＫＩＲＡ』の設定を着想したのかもしれない。

また、建築家であり都市計画家でもあった丹下健三は、昭和三六年（一九六一）に、「東京計画１９６０」という模型写真を発表している。これには現在の東京湾アクアラインに平行して少し北東、有明から千葉の姉崎あたりまでを繋ぐ巨大な橋とも埋立地とも見える地面が伸び、それを海上都市機能として、まわりにはクラスター（果物の房）状の居住区が描かれている。まさに劇画かアニメで見せられる近未来地図のようだ。

もちろん、この中で実現しているのは浅野総一郎の京浜間築港と埋立地のみである。そして、なぜそのほかが現実化しなかったのかといえば、決して技術的に不可能だったからではないだろう。

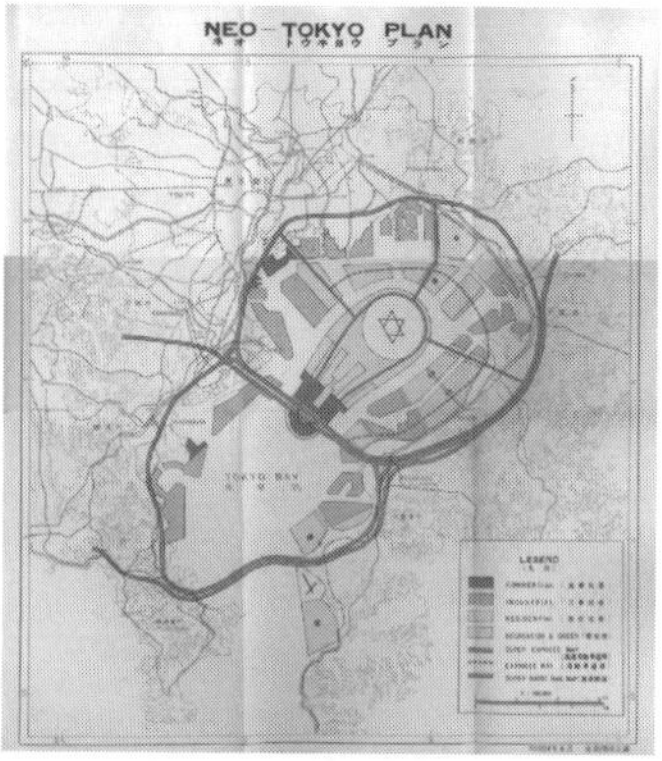

[上]「ネオトウキョウプラン」（1959 年）
[下]「東京計画 1960」

まず、皮肉なことにそうやって京浜臨海工業地帯をはじめ日本の重工業が急激に発達したため、工場廃水に端を発した公害が社会問題となったこと。また、それによって人々の環境意識が高まり、いたずらに海を埋めていくことがはたしていいことなのかという、大いなる疑問が生まれたからだ。

つまり戦後、特に一九六〇年代以降の東京湾埋め立ては、工業化と環境への配慮、増え続けるごみとその処理という、実に悩ましい綱引き状態の中で続いた事業だったといえる。そして、そんな都市東京のジレンマの最先端にあるのが、文字どおり東京湾のいちばん先、中央防波堤である。

中央防波堤は外側埋立地（MAP⓬）はもちろん、内側埋立地（MAP⓫）にもまだ番地はない。第二章で記したように、便宜的な住所は「江東区青海三丁目地先」。ただし、本数はまばらだが、バスはここまでやって来る。

高速鉄道りんかい線で東京テレポート駅まで行けば、そこから都営バス「波01」という路線が出ている。これに乗ると約一五分で終点、中央防波堤バス停へとたどり着く。

立ち入り禁止の地域が多いせいか、周囲に仕事でかかわる人以外はほぼいない。いや、そうした工事関係者にすら、めったに出会わないというのが実際だ。土ぼこりの立つ道路をたまに走り過ぎるのはダンプカーやトラック、ワゴン車など。普通の乗用車はまず見かけない。東京都環境公社という都の出先機関に用事のある人を乗せたタクシーが、ごくたまにやって来るぐらいである。広大な埋立地を用もなく歩いて移動する人などはいないので、道路に人の姿はないのだ。

そんな内側埋立地の東半分には、「海の森」と名付けられた公園がある。ここも今はまだ、立ち入ることができない。平成一七年（二〇〇五）から造園がはじまり、完成すれば日比谷公園の約五・五倍（約八八ヘクタール）という広大なものとなり、おそらく東京港の入口を通過する船舶からは、緑の映えるこんもりとした森林の島に見えるようになるのだろう。しかしそれはまだまだ先の話だ。現在、市民及び企業有志や学校関係者などが苗木の植樹をおこなっている。それが立派な森になるには、やはり二〇年、三〇年という長い年月がかかるだろう。

この「海の森」は、昭和四八年から昭和六二年（一九七三〜一九八七）までの一四年間を通し、東京から出た一二三〇万トンという膨大なごみと建設残土などでつくられた、高さ三〇メートルの丘陵である。土壌改良した土と、堆肥を混ぜた土で丘の表層を厚さ一・五メートルで覆い、そこに森をつくり出すタブノキやスダシイ、ヤマグワ、エノキなど四八万本を植樹するという計画だ。

高度経済成長期にたっぷりと出た東京のごみは、考えようによっては利益を生んだ経済の残滓《ざんし》のようなものだ。当時はとにかく休むことなく、そして一刻も早く処理していかないと、都市部にはごみがあふれ出して、ごみだらけの街になってしまうという状況だった。だから東京湾の海面にごみを持って行き、捨てながら埋め立てるということはその最大の解決法であり、それしかないという唯一無二の方法だったのだ。

それが本章で述べてきたように、二一世紀をまたいでごみの焼却処理技術は進化してごみの少量化が実現し、人々の中にもごみ減量の意識が浸透した。今まで都市が暗黙のうちに環境に負荷をかけてきてしまったことを考え直し、それを軽減する取り組みや循環型社会への志向にも目がいくようになったのだ。

こうして多くの人々がいだくごみに対する意識が今、ようやく成熟期を迎えつつある中で、もとは

［右］海の森に植栽された木の苗
［左ページ上］海の森上空
［左ページ下］海の森植樹体験

「ごみ山」だったともいえる丘陵の中央防波堤を、これからどのように「海の森」という未来の森にしていくのか。——私たちは今やっと、そんなスタートラインに立とうとしているのだ。

企業や学校、NPO法人などでつくられた「東京都海の森倶楽部」という団体がある。ここが主催して全国の高校生に呼びかけ、有志に参加してもらい「海の森」に植樹するという体験を、ひとつのイベントとしておこなっている。

そこに集う若者たちは、当然一九六〇年代から七〇年代の高度経済成長期と、ごみを捨て続けて生まれたこの中央防波堤の関係など知る由《よし》もないだろう。しかしその時代を生きた大人たちにもいつか、この「海の森」に立つ日が来るかもしれない。そのとき彼らの心に、若者たちとともに一本の苗木でも植樹したいと思う心が芽生えれば、間接的ではあるにせよ、経済成長の繁栄という中で痛めつけてきてしまった東京の自然と環境への、贖罪《しょくざい》と鎮魂になるのかもしれない。

第一〇章 平地に呑みこまれる島 10

内陸埋め立て化の思想

岡山県の瀬戸内海沿岸に笠岡という町がある。ここはかつて笠岡湾という大きな湾に面する波穏やかな港町であり、沖合にはいくつかの小島が点在していた。しかし、海は目の前に洋々とあるものの町の背後の平地部は狭く、温暖な気候を生かして農業を発展させようと考えたとき、笠岡にはあまりに平地が少なかった。

戦後の昭和二〇年代は、国策で海辺の干拓が進められた時代だった。そのタイミングでこの笠岡湾も昭和二二年（一九四七）に国営事業としての干拓がおこなわれることになった。

干拓とは、浅い海（湖沼の場合もある）を仕切って海水を抜き（蒸発させ）、乾燥した土地をつくることである。当時こうしてつくり出す土地はほとんどの場合、農地として使うためだった。戦争で荒廃した国土を前に、喫緊《きっきん》の課題は主食のコメを増産し、畑を増やし食料を確保することだったからだ。

その意味では土砂を海へ入れて土地を生み出す埋立地とは違って、遠浅の湾内を区切って海

干拓によって陸地に呑み込まれた笠岡の島々（岡山県）

水を抜く干拓事業には、農地を早く生み出せるという利点があり、コストも安く上げられる最善の方法だったのだ。

笠岡の場合は堤防で笠岡湾を囲んだのち、海水を抜いて干拓地がつくり出された。およそ一二〇〇ヘクタールという広大な農地となった干拓地では、野菜や花卉《かき》の栽培のほか畜産業も盛んとなる。

今、笠岡の高台に立つと、そこから見える奇異な景色にむかしを知る人はおそらくたじろぐことだろう。なぜなら、島があるのにそのまわりには海がないからだ。満々と水を湛《たた》えるはずの海の場所には広大な畑が広がっている。

それはかつて海上にあった片島、木之子島、神島といった島々が今、海ではなく地面の上に載っているという奇妙な景観である。そこには、島だったときと変わらず住人がいる。しかしその生活は、目の前が海だったときから一変した。

かつては玄関を開ければ目の前が漁港で、ゆらゆらとたゆたう自分の船に飛び乗ればいつでも漁に出かけられたものだが、今はもう違う。玄関を出ると目の前は畑た。やおらその中を歩きだし、広大な敷地の一角で魚を獲るのではなく野菜をつくるのだ。それは漁業者が農家に一変した劇的な出来事だった。

畑の中の島では潮の流れも干満も気にする必要はない。海が荒れるから漁船の舫《もや》い綱《づな》を締めなおす必要もないし、そもそも船を持つことの意味がなくなる。車を使えば陸上をどこへでも行ける。むかしの島は今、単なる小山となり居心地が悪そうに畑に囲まれている。

かつて本土とたもとを分かつかたちで離れてあったはずの島が、その周囲から海

谷津干潟（千葉県習志野市）。
開発により周囲が埋め立てられ、水路で海とつながる池のように残された

水が消滅し、すっかり本土と一体化する――こんな島が、実は東京湾にも相当数ある。

笠岡沖の島も東京湾の島も、人間の都合で島から本土の土地へと変えられていく。そこに一抹の寂しさがあるのは、島自身が生き延びていくために選んだ、やむを得ない進化だからだろうか。

本章では、そんなさまざまな事情で陸地に呑み込まれていった、かつての「島」について語っていこう。

国家の激動期を見続けてきた丘――夏島

夏島（MAP66）。東京湾南部の温暖な海辺にふさわしい、なんとも粋な島の名前だ。

横須賀市を走る京浜急行の東側の海上にかつてあった自然島で、追浜《おっぱま》の海岸からは、一キロメートルほど離れた洋上に位置していたといわれる。

現在、夏島をふくめこの辺り一帯は陸地に代わり、かつて海だったことなど想像することすらできない。唯一島があったことをうかがわせるのは、平らな埋立地の上に突如こんもりとしたタブノキなどの樹木が生い茂る標高四八メートルの「丘」だけである。

夏島には縄文時代初期の貝塚があり、また戦時中の海軍壕などもある関係から、島のまわりはぐるりと防護柵で囲まれ、中に入れないようになっている。さらに隣接地には日産自動車の工場やそのテストコース、住友重機械工業などが広大な敷地を陣取っているから、へたに夏島の周辺をウロウロしていると、企業の警備員が飛んできそうでどうにも落ち着かない場所である。

平地に呑みこまれる島

鬱蒼と木々が生い茂る夏島

だが、今やだれも寄りつかないこの丘がまだ島だった明治初期、大日本帝国憲法（明治憲法）の草案がこの地でつくられた。ゆえにその憲法草稿は、別名「夏島憲法」と呼ばれている。

当時、江戸から明治へと維新を遂げた日本は、いよいよ近代国家への道を歩むこととなる。国のかたちを整えていく中で、伊藤博文は内閣制度移行によって明治一八年（一八八五）、弱冠四四歳で初代内閣総理大臣となった。その明治政府が急いだのが憲法の制定だった。

明治二〇年（一八八七）六月。この島に集まったのは伊藤博文を中心に、井上毅《こわし》、伊東巳代治《みよじ》、金子堅太郎の四名だった。なぜ夏島だったかというと、ここには伊藤の別荘があったからだ。そして周囲から遮断されたこの「島」という空間で、彼らは憲法草案を練っていった。

およそ三か月におよぶ月日を費やしてでき上がった草稿は、明治二二年（一八八九）二月一一日に、次の黒田清隆内閣下で発布された。七章七六条からなる大日本帝国憲法である。

さて、時代は少し経過して大正五年（一九一六）、横須賀海軍航空隊が横須賀の追浜に置かれた。帝国海軍では初の航空部隊として編成され、終戦まであった部隊である。この航空隊はのちに追浜海軍航空隊と呼ばれるようになり、それにともない飛行場施設を拡張するため、追浜から夏島にかけての広大な海面が埋め立てられた。そこで夏島は陸地に呑み込まれ、本土の一部となったのだ。

戦時中、夏島には地下壕などが掘られ軍事要塞化されたが、敗戦で横須賀海軍航空隊基地とともに米軍に接収され、昭和四七年（一九七二）にはこの地域全体とともに返還された。その後、飛行場として使われていた平坦な埋立地は工業用地にふさわしかったことから、日産自動車や住友重機の事業舞台となっていったのだ。

夏島の明治憲法起草遺跡記念碑

埋立地が次々と時代の変化に即応していく一方で、夏島は陸地の一部として閉じ込められ、放置されるばかりかむしろこの地域でお荷物的な扱いを受けている気さえする。

しかしここは、日本が近代国家の礎をつくらんとした時代から戦争という国家の試練を経て、さらに戦後処理と工業国としての復興という国家の激動期を見続けてきた。そんなもの言わぬ生き証人の島なのだ。

地名から消えた島——霊岸島

東京の街なかで暮らしていると、そこに「島」と名の付く場所があっても、それを「離島」と意識することはない。それは橋をひとつ渡れば歩いていける距離だったり、島なのに鉄道の駅があったり、本土と地続きになっていたりするからだろう。そしてなにより多くの人が、そこがかつて島だったという歴史を知らない。けれど東京湾沿岸部とは、歩いて行ける島嶼地帯なのだということを理解すれば、人工島めぐりはより楽しくなる。

さて、東京駅（千代田区）の北側を横切る永代通りを東にしばらく行くと、やがて証券会社の建ち並ぶ中央区茅場町《かやばちょう》に入る。そこを通りすぎ、長さにして五〇メートルばかりの霊岸橋を渡る（下を流れるのは亀島川だ）と、そこから先は中央区新川《しんかわ》である。

一丁目と二丁目しかないこの新川という地区は、実は島（MAP㉑）である。江戸時代には霊巌《れいがん》島と呼ばれていた。およそ五〇〇メートル四方の四角い島で、東側は隅田川に面し、西側を亀島川、北側は対岸の箱崎とを分かつ日本橋川、この三本の川でまわりを囲まれている。現在こ

亀島川に架かる霊岸橋

の島の中には、近隣の茅場《かやば》町や八丁堀と変わらない都市の風景があり、集合住宅や高層ビルが建ち並んでいる。

ところでこの霊巌島という島の名前、いかにもいわくありげだが、その由来は実のところはっきりしない。ただし、ひとりの僧侶の名がもととなっているという説が残されている。

徳川家康が江戸入府した天正一八年（一五九〇）ころ、この場所はまだ隅田川河口にあたる浅瀬の海であり、葦《よし》の生い茂る中洲があり、「中島」と呼ばれていた。

家康の入府とともにまもなく積極的な江戸湊開拓がはじまり、その初期より埋め立て土木工事が進められ、のちに霊巌島となる埋立島と、その北側に箱崎島（現在の箱崎町）がつくられた。

そして寛永元年（一六二四）、徳川家との信頼関係が大きかった雄誉《ゆうよ》霊巌《れいがん》という和尚により、この埋立島に霊巌寺が建立される。これと同時に島にも霊巌島という名が付けられた。

ところが明暦三年（一六五七）に起きた明暦の大火によって、江戸の六割がたが焼失してしまう。江戸城天守閣までが焼け落ちる中、霊巌島にも火勢がおよび霊巌寺も焼失した。

大火を経て江戸の復興は新たな都市づくりの計画が立てられ、それにより霊巌寺は今まであった霊巌島には再建されず、隅田川の川向うにあたる深川（現在の江東区白河）へと移されることとなり、万治元年（一六五八）、そこに再建される。

こうして霊巌寺は引っ越ししてしまったにもかかわらず、明治、大正、昭和と繰り返された町名変更

［上］霊岸島（中央区新川）と豊海橋
［下］霊岸島水辺の葦

の中でも「霊岸島」の地名は整理されずに残され続けてきたが、昭和四六年（一九七一）、霊岸島はついに住居表示から消滅、新川と改められた。

現在、新川二丁目にある「霊岸島交差点」の名だけが、かつての島の名残を伝えている。

むかしを物語る護岸の石積み——越中島《えっちゅう》

越中島（MAP㉒）は隅田川が東京湾に注ぐ河口部にある。その河口に立ち塞がるようにあるのが旧石川島（MAP㉓）（現在は佃一・二丁目）で、隅田川の流れを受けて左右に川を分けるその東側一帯が越中島だ。晴海運河から豊洲運河にかけて、越中島の海ぎわには東京海洋大学の海洋工学部キャンパスがあり、構内には明治政府がイギリスに発注した鉄船で燈台巡廻船として活躍した「明治丸」が、陸の上で重要文化財として展示され余生を送っている。ちなみにこれは日本で現存する唯一の鉄船である。

この人工島は藤沢周平、池波正太郎の江戸話には幾度となく登場し、大横川（大島川）を挟んで永代通りの向こう側には、江戸の埋め立て発祥の地、深川・富岡八幡宮が鎮座する。

一七世紀後半の深川を記した『深川総画図』によると、現在の越中島にあたる場所には「榊原越《さかきばらえつ》中守《ちゅうのかみ》上り屋鋪」と書かれている。つまりここは、榊原越中守の拝領地だったということを意味する。

その榊原越中守とは、いったいどんな人物だったのだろう。

文政一一年（一八二八）に幕府が編纂した『町方書上』によると、榊原越中守は久能山（家康の遺骸が葬られた現在の静岡市にある山）総門番を務めた幕府の直臣・榊原照清だったといわれる。家康の没後、久能山から日光に移されるまでの間、家康の霊廟《れいびょう》の祭事や行事いっさいを仕切る役職、その家柄の人物だったのだ。

徳川家にとって重要な役職をその後代々仰せつかったことから、榊原越中守は大川（現在の隅田川下流）河口の洲を与えられた。しかし越中島の名を冠したその拝領地に、榊原照清は明暦元年（一六五五）から住みはじめたのだが、どうもその住み心地はよくなかった。もともと低い土地で水はけが悪く、しかも江戸湾の最奥部は波風の溜まり場になるような場所で、埋め立てた外縁部はしだいに波で浸食されて土地が流失したりして、ここが平穏な土地ではないことを思い知らされることとなる。その後、榊原照清はこの島を幕府に返上し、寛文元年（一六六一）に越中島を出てしまう。わずか七年ほどの居住期間であった。

もともと武家地としてつくられた島だったので、越中島が無人島になったとはいえ、だれかが自由に移り住むわけにはいかず、無人のまま元禄年間（一六八八〜一七〇四）の「澪浚《みおさら》い」まで放置された。

澪浚いとは、川から江戸湾に流れ込んでたまった土砂を海底からさらい、浅くなって船が通行しにくい場所の水深を確保する作業のことである。その澪浚いで出た土砂を無人島になった越中島に盛土し、島全体のかさ上げをした結果、波風による島の外縁の決壊の心配もなく人が安心して住める土地になった。

その後もどんどん埋め立ては続き、今ではどこからどこまでが元の越中

島の境なのかもわからなくなり、江東区の大地に同化してしまっている。つまりここも、本土に呑み込まれた島である。

いまこの地を歩いてみても、江戸の面影を残すものは特段なにもなく、コンクリートの堅牢な護岸で外縁はつくられ無味乾燥だ。だが痕跡を丹念に探してみると、明治以前のものがひとつだけあった。それは、埋め立て時代につくられた大島川（大横川）から分流する「古石場川《ふるいしば》」という掘割で、ここの護岸に使われている石積みこそが、越中島のむかしを物語る唯一のものといえるのかもしれない。

継ぎ足してつくられた年代（時代）によって下のほうから、古色をたたえる石積み、その上が古いコンクリート、さらにその上が近年のコンクリートというぐあいに、年代変化が護岸に刻まれて読み取れる。この護岸の一番下の見えない土の中には、おそらく江戸時代初期、つまり原初のころの越中島が、遺構となって埋まっているに違いない。

江戸前島の南端は新橋あたり——江戸前島

平成四年（一九九二）から一〇年間にわたりおこなわれた汐留《しおどめ》再開発地の埋蔵文化財調査では、江戸大名屋敷の遺構や鉄道関係の遺跡などが旧汐留駅構内の遺跡から数多く見つかり、文字どおりここが「汐留遺跡」と呼ぶにふさわしいことを実証した。

その中であらためて確認できた大事なことがふたつあった。大名屋敷の土地の縁を固める造成工事に「土留め」を施した遺構が見つかったこと。そして伊達家屋敷跡には、屋敷内に設けられた「舟入」と呼ばれる船着場があったということだ。

［右ページ］上空から見た越中島一帯（写真中央は東京海洋大学）

これが何を意味するのかといえば、まさにこの場所こそが江戸の海と陸地の境界線だったということである。海辺の土地に屋敷を築く際の補強の仕方という点においても、船からの荷揚げ荷卸しを考えた舟入のつくりなども、海辺にあった大名屋敷の実像とともにここが「日本橋台地」と呼ぶ台地から伸びる広大な砂洲のもっとも先端だったことがあきらかになったのだ。

この洲は「江戸前島」と呼ばれる「半島」で、その西側の深い入江は日比谷入江といい、現在の日比谷一帯である（※44ページの「家康入府前の江戸図」参照）。ここは家康の入府直後より、神田駿河台にあった神田山という小山を切り崩し、土砂をわざわざ持ってきて埋め立てられた。東京はこうして山を削っては浅瀬を埋め直し、土地を拡げ、町を拓いて都市になっていったのだ。

広大な面積の江戸前島は、現在の中央区一帯である。北の日本橋あたりから八重洲、京橋、そして銀座と南に下りてきて、その最南端が新橋の汐留ということになる。ところでその汐留という名前の由来だが、江戸城の外堀と海を仕切る堰《せき》がつくられ、海水が掘りに入らないようにしたことから「潮止め（汐留）」と呼ばれるようになった。このように当時の江戸には、お城を支える機能が、町づくりの随所にあったというわけだ。

また、日本橋には蛎殻町《かきがらちょう》、小網町《こあみちょう》という地名が今も残っている。東京湾からはだいぶ内陸であり、一見海には縁のない場所に思えるが、ここは牡蠣《かき》が育つ海辺で貝殻が打ち上げられる浜だったことから蛎殻と名付けられたといわれる。小網は漁師町そのもので、網を使った漁をする人々が多くいた町ということだ。

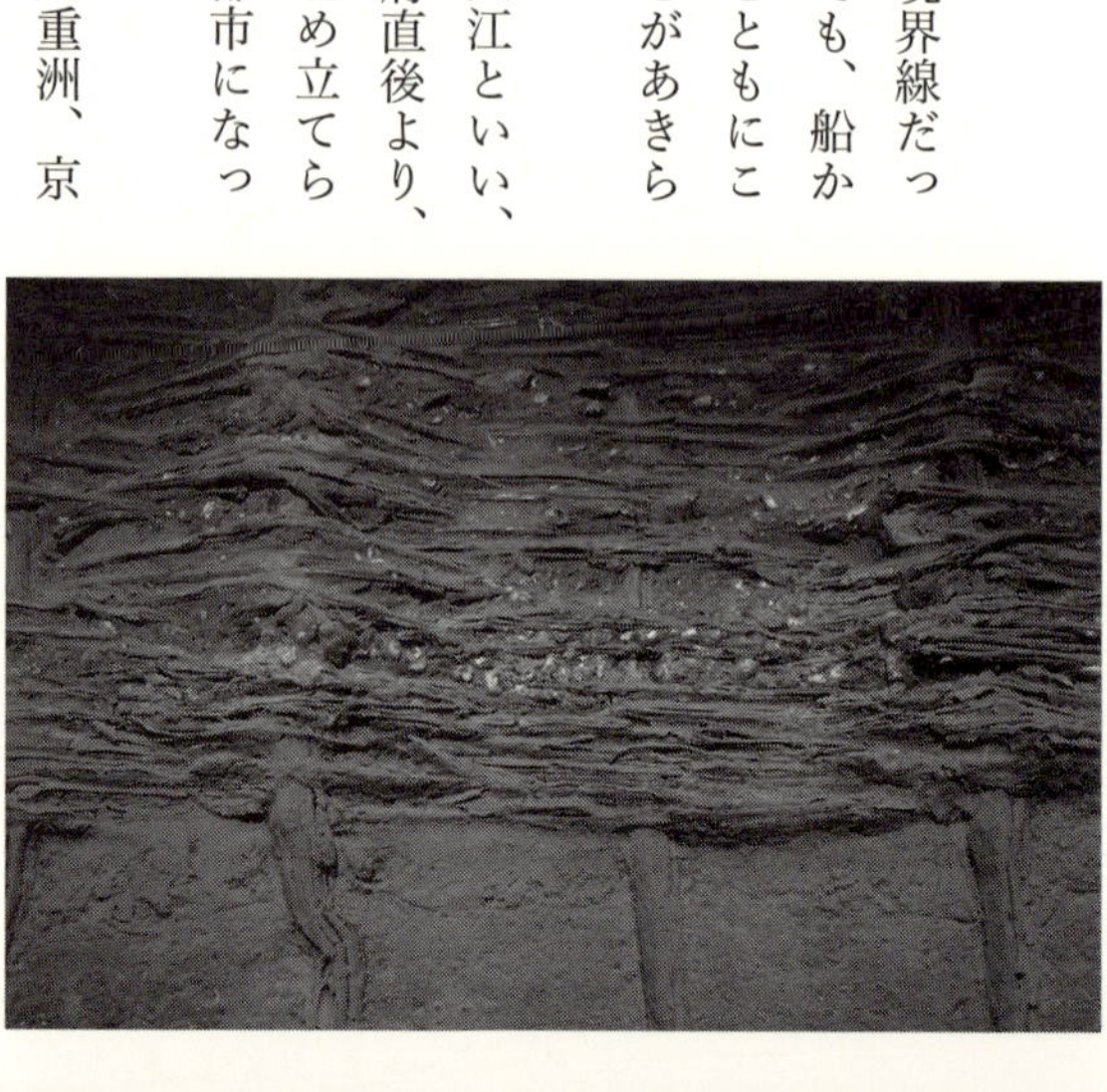

江戸前島の埋立地遺構（※現在の新橋付近）
（江戸東京博物館蔵）

これほど内陸にも海辺にちなむ地名があることを知ると、東京では埋め立てが江戸のむかしから今日にいたるまで、どれほど積極的におこなわれてきたのかをうかがい知ることができる。

坂道から消えた港の景色――横浜港埋立地

日本は山や丘の多い国である。だから海辺ぎりぎりまでそれらが迫る場所も当然多くなる。船を着けるのに都合のよさそうな入江や湾は、その背後にある高台の地形も考えられて港としてつくられていった。山や丘から美しい港町の景色を見ながら散歩できる坂道は、規模の大小を問わなければ国内各地には結構ある。代表的な港町としては小樽、函館、神戸、尾道、長崎があり、それらにはどこも、いい坂道がある。

しかしここで、「待った！」と異議を唱える人がいるかもしれない。「日本随一の港町・横浜はどうした？」という声が聞こえてきそうだ。

横浜を歩いてみると、たしかに丘も坂道も多い。エキゾチックで風情のある洋風建築物や教会も多くあり、瀟洒《しょうしゃ》な町並みとともに、それらがかもしだす独特な坂道の風景は申しぶんなく素敵だ。しかしそういう横浜の景色が見られるところは現在の山手地区だけで、横浜にむかしからある野毛山地区の坂道からはほとんど見えない。いや、かつてはここも港が広がる素晴らしい景色が見えたのだが、見えなくなってしまったのだ。

なぜか？　それは横浜に湾をつくり出していた海を、埋め立てて地形が変わってしまったからだ。丘から港へ下っていた坂道の先の港が、埋め立てられたことで消失してしまったのである。

レトロ建築の三井倉庫

現在の桜木町から関内《かんない》にかけては、横浜随一の繁華街である。だが驚くことにこの一帯は江戸時代、潟湖《せきこ》だった。潟湖（英語でラグーン）とは、湾が砂洲によって外海から隔てられ、湖になった地形だ。北海道のサロマ湖や、秋田の八郎潟《はちろうがた》がラグーンであるといえばイメージできるのではないか。あのような湖が、横浜の市街地に存在したのだ。当時この内海のような潟湖は「入海」と呼ばれていた。

また、現在の横浜港の背後に衝立《ついたて》のようにある高台の野毛山は、かつて海にせりだしていた山で、その山すそを左右に分けるようにふたつの大きな入江があった。人々が暮らす野毛山ではやがて人口が増えはじめたため食料（米など）をつくる平地が必要となり、入江になっている海を埋め立てて新田を拓くことにした。この入海を埋め立てたのは吉田勘兵衛という人物で、江戸時代の寛文七年（一六六七）につくられたこの土地は、吉田新田と呼ばれた。

この埋立地が、横浜の風景に大きな変化をもたらした。野毛山から坂道を下る、その先に見えていた美しい入江の景色は埋立地となり、そののちに大発展を遂げる横浜の中心部となっていったのだ。

横浜の海で埋め立てがはじまったのは一七世紀。つまり横浜の海ぎわというのは三〇〇年以上の歴史をもつ埋立地であり、さらにその土地に接続するよう新たな埋立地を長い年月をかけて増殖させていった結果、現在の横浜のかたちになったのである。

赤レンガ倉庫のある新港埠頭（MAP㊶）もまた、明治から大正にかけてつくられた埋め立ての人工島である。江戸時代に吉田新田を拓いた開拓者の吉田勘兵衛は、それから数百年後の横浜によもや「みなとみらい21」などという新たな埋立地がつくられ、二九六メートルの横浜ランドマークタワーや、大観覧車コスモクロック21などの巨大構造物が建つトレンディスポットとなるなど、はたして想像できただろうか。

［左ページ］横浜夕景

エピローグ
EPILOGUE

どこかの国は自国から遠く離れた南アジアの外洋の浅瀬にせっせと自分たちの陣地（人工島）をつくろうと励んでいるようだが、人間はどうしてこうも陸という土地にこだわり、増やさないと気が済まないのだろう。

人類は海を起源とする生命体といわれる。その後、肺呼吸の生き物に進化していった。だから、海を狭めてでも陸地を増やし、究極の人口増加の際には人が海へこぼれ落ちないようにと、動物としての行動本能がそうさせるのだろうか。陸地にこだわり、ひたむきに新しい土地を獲得することに腐心するのが人類というものらしい。

江戸にやって来た家康が最初に見た江戸湊の光景は、今日の東京を思い描けるような場所ではなかった。葦《よし》の生い茂る湿地であり、魅力のない捨て地のような海辺だった。しかしどうだろう、四〇〇年余りの年月を費やす中で一〇〇万人が暮らした江戸は人口を増やし、やがて東京と名を替え、都市へと変貌し、現在一三六〇万人を有する世界有数の大都市にまで成長した。

四〇〇年間で一三倍の人口増加というのは、決して急激に増えたとはいえない数字だろうが、その過程には長い鎖国の時代があったことを考え合わせれば、他の都市の成長とは比較できないほど力強い、計画性のある都市づくりがあったといえるだろう。

江戸から今日の東京にいたる四〇〇年の歴史の中には、大火、そして戦争や震災といった都市の成長を阻害することがいくたびもあった。しかしその時どきの苦難を乗り越えて時代の情勢や要請に応え、再興の計画や方法などを変化させながら、しなやかに変貌を遂げてきたのが現在の東京である。そして、その触覚部分のもっとも鋭敏に時代と世界を感じとってきた場所こそが、東京湾岸部とそこに造成された人工島ではなかっただろうか。

かつて江戸前の海は海苔《のり》の畑だった。東京湾は、その澄んだ海水で育つ海苔が特産の海だったのだ。工業廃水が海を汚し、工業国として世界で成功を収めたのと引き換えに、東京湾は旨い江戸前の海苔という味覚を、ひとつ失った。だが今はもうなくなった東京湾の風物を、あれこれいうのは建設的ではないのでもうよそう。江戸も素晴らしかったのだろうが、今の東京もきっといい。そしていったいこれから東京湾の埋立地が、そして人工島はどうなっていくのだろう？　その近未来を考えるほうがより現実的で、そちらのほうが何倍も興味深い。

たとえば東京都最後のごみ最終処分場である中央防波堤はあと五〇年ほどで満杯となり、その先、東京湾に埋め立て可能な海面はもうなくなる。それでなくとも東京港をはじめとする東京湾深奥部は埋立地が連続していて、巨大船の通行がやっとのところも多い。これ以上の埋立地は、どう考えても東京都にはない。となると、東京都は千葉県や神奈川県の埋め立て海面の権利を購入、または使用ということになるのだろうか。

ここからは仮想デザインだ。イノベーション（技術革新）により画期的な埋め立て技術の進歩があったとしよう。それは東京湾のごみによる埋立地の満杯という事態にとって福音になる。この技術を獲得したことで、私たちはもう、東京湾というエリアにこだわらなくてもよいということとなるからだ。

東京湾外の東京都海域に「ごみ島」をつくるのだ。資源探査に使う海中数百メートル以深の海底ボーリング技術を応用することで、それは可能となるだろう。

あるいは、石油国家備蓄は日本の数か所でおこなわれているが、その備蓄方法は地上や海ぎわのオイルタンクで貯蔵しておく以外に、いくつかは洋上係留貯蔵船というタンカーのような巨大船でとり置く方法が採用されている。地上基地ではなく、空いている海面に巨大船を浮かべて備蓄しているのだ。

この方法を応用して、ごみを満杯にした巨大な浮体（メガフロート）を海上に浮かべておくことができれば、東京湾内を自由に移動させることができる人工島として活用できそうだ。もはや固定してつくる埋め立て人工島を、動かして使えるかたちのものにする、そんな発想の転換が求められているのかもしれない。

今よりずっと水質浄化が進み、今日まで汚してきた海がほんとうの再生力を取り戻してくれれば、将来、東京湾自体が水族館になることもじゅうぶんに有りうる。きれいな海水になった東京湾には、イルカや回遊魚も外洋から入ってくるにちがいない。彼らが棲める海になれば、その魚群を回遊させて、水槽を横切らせて海に戻っていくアクアリウムだってつくることができる。それを見せるための水中に半分沈んだような人工島ができたらおもしろい。東京湾全体が水族館、なんてわくわくする話だ。そんな日が来ることだって、今後は決して夢物語ではない時代になる。

最後にもう一点、近未来に訪れるだろう水素エネルギー（ハイドロゲン）社会が、東京湾の人工島にどう関わってくるのかを考えてみるとおもしろい。なにしろ水素とは宇宙一多く存在する元素だ。しかも水素は燃焼すると水になり、逆に水を電気分解することで水素が得られる。いうまでもなく東京湾は水の宝庫だ。今後、水素エネルギー研究の展開がスピード感を増してくるようなことがあれば、現在石油基地や火力発電所、液化天然ガス基地などがひしめく京葉方面の半島型埋立地は水素へと舵を切り、そこには新たなエネルギー基地が生まれていくだろう。

おりしも本書執筆中の二〇一六年八月末、小池百合子東京新都知事が、築地市場の豊洲移転、その延期を発表した。そして九月には、汚染された土を入れ替えさらに二・五メートルのきれいな土で盛り土していたはずの新市場の地下に、奇妙な空間が存在することが報道された。現時点で、今後の豊洲がどうなっていくのかはわからない。

豊洲の地盤沈下を懸念する声もある。三・一一東日本大震災のとき、頑丈につくられていたはずの護岸が外側へと揺さぶられ、それによって内側の土が下へ下へと落ち込んでいるという。そうなれば支持層と呼ばれる地中のとても深い部分にまで打ち込まれた建物の杭が、ネガティブ・フリクションという現象を起こし割れたり傾いたりする。だから湾岸地域の埋立地は、元来多くの問題をかかえているのだと。

しかし、ここまでお読みいただいた方にはすでにおわかりだろう。築地だってむかしは海だったのだ。もっといえば、現在の東京湾岸部のほとんどは埋立地なのだ。もちろん江戸時代と近代化、工業化された明治以降のごみ処理をふくめた埋め立ては違う。けれど、楽天的といわれるかもしれないが、私は本書第九章で記した昭和島における水再生や、城南島の高度に発達したリサイクル、これを生み出した日本人の技術と英知、そして情熱のほうを信じたい。またそれ以上にこの東京湾諸島というものが持っている、はてしない可能性（ポテンシャル）のほうに目を向けたい。第一、そちらのほうが楽しいではないか。

東京湾の人工島と呼ばれる島々が、こののちも進化し、その進化と次のステージがどのようにかたちを変え、次代をつくり続けていくのかを考えてみるだけでも楽しい。

その未来を楽しみに待つことにしたい。

おわりに

AFTERWORD

二〇年間あたためてきたテーマだ。もう少し早くとりかかるつもりでいたのだが、ライフワークである日本の有人離島を忙しく駆けまわっているうち、二〇年が瞬く間に過ぎ去ってしまった——と格好よく言いたいところだが、正直に白状するとそうではない。

右肩上がりの日本経済の好況感の中で、調子に乗ってなにも考えずに目の前にある仕事だけをこなしていたら、ある日足もとをすくわれた。バブル景気という虚構の好況が音をたてて崩れ去り、私のまわりの仕事も潮が引くように離れていった。そうして二〇年が経ってしまっただけのことだ。

それはちょうど、バブル景気破綻後の〝失われた二〇年〟と一致する。しかしすべてが停滞・低迷していたこの期間が私の横に並行してあったからこそ、私はその中で辛抱しながらやる気と目標を見失わずこの本にまでたどり着けたのかもしれない。

最初に東京湾の人工島に足を踏み入れたのは一九九〇年代、大田区の京浜島だ。町工場の社長にインタビュー取材しながら写真を撮り記事を書いた。そうした中、仕事を離れた合間に聞いたその社長たちの話は、私に強烈な印象となって残った。

その人たちは近隣の町なかの住宅地で、小さな町工場を地道に営むごくごくまじめで普通のおやじさんである。しかしその見るからに狭苦しく汚い騒音や臭気を出す工場が、公害企業という烙印を押され、町なかからたたき出されてこの埋め立て人工島に逃げてきた人たちだった。

そしてバブル景気あとの不景気を嘆いた。

誘われてある日、大森の飲み屋街でちょっと一杯だけその社長におつきあいさせてもらった。そのとき、ほろ酔いの上機嫌でぽつりとつぶやいた社長の言葉が忘れられない。

「埋立地の夜ってのは静かで、東京湾の景色はきれいだね」と。


私の育った年代からいうと、アウトローと呼ぶべき人々が多かった時代かもしれない。ここでいうアウトローとは「無法者」という意味ではなく、社会慣習からみずから望んではずれた者、という意味である。定形外ともはみだし者といってもいい。とりわけ私の四、五歳上には団塊という終戦直後に生まれたベビーラッシュのかたまりの世代がいて、あまりにその人口が偏って多かったため、団塊世代は生活のすべてにおいて、押し分けかき分けしながら生きることを余儀なくされた。

学校では一クラス五〇人を超えるような生徒が狭い教室にぎっしりと詰め込まれ、夏の体育時間のプールのときには、泳ごうにも芋を洗うような状態だからまともに真っすぐ泳ぐことができなかった。そんな過密さは受験のとき顕著に現れ、今のように偏差値や共通試験もない一発勝負を賭けた狭き門を争う受験競争は、三〇倍、四〇倍というあきれるような倍率で、多くの浪人生を生んだ。そうした中で大勢の若者たちは競争の勝ちかただけをたたき込まれ、もがき苦しんだのだ。

しかしそういう人々の中には、窮屈で収まりきれない社会を嫌う人もいた。ヒッピー（既成価値観から離脱した人）と呼ばれたアウトローの人々はそこから飛び出し、あえて自分たちの価値観を尊重しながら生きることを選んだ人々だ。——いや、実のところこの世代にはそういう人間が多くいた、といったほうが正しいかもしれない。

そのアウトローを自負していた私は、大学在学中から好き勝手なことをしてきた。学業はさておき写真や映画、演劇、海に潜り、そして放浪。机にへばりついての勉強はしなかったからもちろん成績はたいしたことはなかったが、なにかにつけ自分より少し上の兄貴分となる団塊の世代に頭を押さえつけられないよう、あるときはうまく逃げ、あるときはすり寄り、あるときは批判しながら、押しつぶされないように生きてきた。

そんな青春時代からのアウトローが今回たどり着いた「埋立地・人工島」も、やはりアウトローな場所だった。しかしなぜか自分にしっくりとなじめる場所だと思う。不思議に居心地がいいのだ。

島というのは自然島であれ人工島であれ、アウトローである。なぜか。自然島にあっては地球創成時以降に大陸から離れていった土地のかけらのようなものと考えていい。あるいは海中から突如海底爆発とその噴出物でできた、見ず知らずの海上の新参者。それらが自然島である。

そんな荒々しい島に人が住みつくようになり、海上を渡って行かねばならないその辺鄙《へんぴ》な場所には、中央で邪魔者となった者、懲らしめを必要とする者たちが〝島流し〟という処刑で送りこまれてきた。現世から隔絶する場所として島は重宝されてきたのだ。

東京湾の人工島の原初はごみ捨て場である。自然島も人工島も、いつの世も島というのはどこかアウトローのにおいがする。だから刺激的で魅力がありおもしろいのだろう。私の人工島漂流の旅はまだまだこれからも続く。


一〇年来の知遇を得た編集者の杉山茂勲氏と懇談している中で、この本の原案はでき上がっていった。私の思い入れを掬《きく》する体制をつくってくれた氏にはまず感謝したい。また文章のリライト・整理に絶大な力をいただいた東良美季氏、そして地図・レイアウトを担当していただいたデザイナーの江田貴子氏には大いなる感謝です。そして最後に。こうして書き下ろしの本を世に問う機会を与えてくださった駒草出版代表の井上弘治氏。私がヘリコプターで東京湾上空から眺めてみないと本のイメージが出せないというと、その要望に「いいだろう」と快諾してくださった。あらためて感謝と御礼を申し上げたい。

二〇一八年長月　　加藤庸二

『東京都臨海域における埋立地造成の歴史』遠藤毅　地学雑誌（2004）
『東京路上細見５』酒井不二雄　平凡社（1988）
『技術ノート No.4』東京都地質調査業協会（1988）
『天然ガスプロジェクトの軌跡』東京ガス（1990）
『よくわかる天然ガス』日本エネルギー学会（1999）
『LNG チェーン物語』山口正康　ガスエネルギー新聞（2000）
『「とこよ」と「まれびと」と』折口信夫　中央公論社（1995）
『お江戸風流さんぽ道』杉浦日向子　小学館文庫（2005）
『その男、はかりしれず 浅野総一郎伝』新田純子　サンマーク出版（2000）
『東京の地霊（ゲニウス・ロキ）』鈴木博之　ちくま学芸文庫（2009）
『家康、江戸を建てる』門井慶喜　祥伝社（2016）
『東京 150 プロジェクト』新建築 2015 年 6 月号別冊
『日本史の謎は「地形」で解ける』竹村公太郎　PHP 文庫（2013）

「東京・夢の島、名前の由来は海水浴場 空港計画も」
http://style.nikkei.com/article/DGXNASFK13038_U3A111C1000000

「東京今昔物語 月島と晴海は東京湾埋立ての先駆け」
http://plaza.rakuten.co.jp/wakow/diary/201406010000/

「江戸東京探訪シリーズ 江戸幕府以前の江戸」
http://www5e.biglobe.ne.jp/~komichan/tanbou/edo/edo_Pre_8.html

「東京一の神輿祭り」荒俣宏
http://www.tomiokahachimangu.or.jp/maturi/reitaisaiH20/htmls/tokyoIchi.html

「猫のあしあと『江東区の民俗深川編』による富岡八幡宮の由緒」
http://www.tesshow.jp/koto/shrine_tomioka_tomioka.shtml

「リアルライブ 衝撃!! 羽田の鳥居の祟り事件はインチキだった!!」山口敏太郎
http://npn.co.jp/article/detail/28220293/

「はまれぽ .com 神奈川区の浦島伝説の地を巡る」
http://hamarepo.com/story.php?story_id=955

協力（敬称略）

株式会社関東鍛工所●日原生年
株式会社ジール●篠崎亮一
株式会社ちくま精機製作所●山口一雄
栗林商船株式会社
公益財団法人 東京都環境公社●大野 博
公益財団法人 日本海事広報協会
公益財団法人 日本離島センター●三木剛志
東京ガス株式会社●徳原 透／竹村洋行
東京鉄鋼工業協同組合事務局
東京都江戸東京博物館●大田 茜
東京都下水道局森ヶ崎水再生センター

参考文献

『品川区史 2014 歴史と未来をつなぐまち しながわ』品川区（2014）
『東京湾史』菊池利夫　大日本図書（1974）
『東京自然史』貝塚爽平　講談社学術文庫（2011）
『日本の地名』谷川健一　岩波新書（1997）
『工場まちの探検ガイド 大田区工業のあゆみ』大田区立郷土博物館（1994）
『百万都市 江戸の生活』北原進　角川選書（1991）
『図表でみる江戸・東京の世界』江戸東京博物館（1998）
『月島物語』四方田犬彦　集英社（1992）
『江戸東京のみかた調べかた』陣内秀信　鹿島出版会（1989）
『横浜・神戸 二都物語』朝日新聞横浜・神戸支局共編　有隣堂（1991）
『くらしと統計 2015』東京都総務局統計部調整課（2015）
『ごみれぽ 23』東京二十三区清掃一部事務組合（2016）
『東京湾学への窓』高橋在久　蒼洋社（1996）
『江戸の川 東京の川』鈴木理生　井上書院（1989）
『江戸 水の生活誌』尾河直太郎　新草出版（1986）
『さまよえる埋立地』石川雄一郎　農山漁村文化協会（1991）
『墨東地霊散歩』加門七海　青土社（2015）
『東京キーワード図鑑』陣内秀信　筑摩書房（1989）
『現代建築 ポストモダニズムを超えて』同時代建築研究会　新曜社（1993）
『東京 世界の都市の物語』陣内秀信　文春文庫（1992）
『江戸東京地形の謎』芳賀ひらく　二見書房（2013）
『しなやかな都市 東京』市川宏雄　都市出版（1994）
『グローバルフロント東京』福川伸次／市川宏雄　都市出版（2008）
『東京 2025 ポスト五輪の都市戦略』市川宏雄／森記念財団都市戦略研究所　東洋経済新報社（2015）
『技人ニッポン』日本経済新聞編　日経ビジネス人文庫（2001）
『東京港便覧 2015』東京都港湾新興協会（2015）
『PORT OF TOKYO 2015』東京都港湾局（2015）
『大田区史 中巻』大田区（1992）
『大田区史 下巻』大田区（1996）
『東京港史 第一巻通史』東京都港湾局（1994）
『東京港史 第二巻資料』東京都港湾局（1994）
『江東区史 上巻』江東区（1997）
『江東区史 中巻』江東区（1997）
『江東区史 下巻』江東区（1997）
『江戸の夢の島』伊藤好一　吉川弘文館（1982）
『江戸東京 木場の歴史』秋永芳郎　新人物往来社（1975）
『創業三十年のあゆみ』東急開発（1986）
『東京湾埋立物語』東亜建設工業（1989）
『アースダイバー』中沢新一　講談社（2005）

[著者]
加藤庸二（かとう・ようじ）
写真家、エッセイスト。人の住む日本の島々を45年にわたり歩き、写真と文章で著す
“島スペシャリスト”。愛知県生まれで東京育ち。

東京湾諸島

2016年11月1日　第一刷発行

著者 ———— 加藤庸二
発行人 ———— 井上弘治
発行所 ———— **駒草出版** 株式会社ダンク出版事業部
〒110-0016　東京都台東区台東1-7-1 邦洋秋葉原ビル2階
http://www.komakusa-pub.jp/
電話／03-3834-9087
印刷・製本 ———— シナノ印刷株式会社
地図製作・DTP —— 江田貴子
構成協力 ———— 東良美季
編集 ———— 杉山茂勲（駒草出版）

ISBN978-4-905447-72-6
日本音楽著作権協会（出）許諾第1611709-601号